Étude des populations d'Hippopotames

Maha Ngalié

Étude des populations d'Hippopotames

Structure, croissance et régime alimentaire de l'Hippopotame au Parc National de la Bénoué et sa périphérie (Cameroun)

Éditions universitaires européennes

Impressum / Mentions légales
Bibliografische Information der Deutschen Nationalbibliothek: Die Deutsche Nationalbibliothek verzeichnet diese Publikation in der Deutschen Nationalbibliografie; detaillierte bibliografische Daten sind im Internet über http://dnb.d-nb.de abrufbar.
Alle in diesem Buch genannten Marken und Produktnamen unterliegen warenzeichen-, marken- oder patentrechtlichem Schutz bzw. sind Warenzeichen oder eingetragene Warenzeichen der jeweiligen Inhaber. Die Wiedergabe von Marken, Produktnamen, Gebrauchsnamen, Handelsnamen, Warenbezeichnungen u.s.w. in diesem Werk berechtigt auch ohne besondere Kennzeichnung nicht zu der Annahme, dass solche Namen im Sinne der Warenzeichen- und Markenschutzgesetzgebung als frei zu betrachten wären und daher von jedermann benutzt werden dürften.

Information bibliographique publiée par la Deutsche Nationalbibliothek: La Deutsche Nationalbibliothek inscrit cette publication à la Deutsche Nationalbibliografie; des données bibliographiques détaillées sont disponibles sur internet à l'adresse http://dnb.d-nb.de.
Toutes marques et noms de produits mentionnés dans ce livre demeurent sous la protection des marques, des marques déposées et des brevets, et sont des marques ou des marques déposées de leurs détenteurs respectifs. L'utilisation des marques, noms de produits, noms communs, noms commerciaux, descriptions de produits, etc, même sans qu'ils soient mentionnés de façon particulière dans ce livre ne signifie en aucune façon que ces noms peuvent être utilisés sans restriction à l'égard de la législation pour la protection des marques et des marques déposées et pourraient donc être utilisés par quiconque.

Coverbild / Photo de couverture: www.ingimage.com

Verlag / Editeur:
Éditions universitaires européennes
ist ein Imprint der / est une marque déposée de
OmniScriptum GmbH & Co. KG
Heinrich-Böcking-Str. 6-8, 66121 Saarbrücken, Deutschland / Allemagne
Email: info@editions-ue.com

Herstellung: siehe letzte Seite /
Impression: voir la dernière page
ISBN: 978-3-8417-4424-1

DEDICACES

Je dédie ce document à toute la famille MAHA, notamment :

-   mes parents : MAHA Daher et Batia GUEIME
-   Mes frères et sœurs : Djibrilla, Adam, Gueimé, Hadja-Ouza, Falmata et Halima
pour leur indéfectible soutien (aussi bien moral que financier) dans ma recherche du
savoir pour leur encouragement. J'ose espérer que ce travail sera à la hauteur des
sacrifices fournis.

REMERCIEMENTS

Le présent mémoire est l'aboutissement de 18 mois de formation en vue de l'obtention d'un Master II en Analyse des Populations Fauniques et Halieutiques. Nos sincères remerciements et encouragements à l'Université Polytechnique de Bobo-Dioulasso (et à tous les enseignants qui y concourent) qui, à travers ces formations à distances, donne l'opportunité aux fonctionnaires et autres travailleurs, de pouvoir poursuivre leurs études sans trop de difficultés. Un remerciement particulier au Pr KABRE André pour les multiples conseils et surtout, ses rappels à l'ordre quand la motivation venait à diminuer.

Ce travail n'aurait pas eu lieu sans le soutien financier de l'Ecole de Faune et notamment, les personnes ci-après :

- TARLA Franҫis Nchembi, Directeur de l'EFG et qui a bien voulu accorder son précieux temps à l'encadrement de mes travaux ;
- Dr TSAGUE Louis, Directeur adjoint de l'EFG, pour ses conseils dans la rédaction de ce document.
- BABALE Michel, Chef service des études et des stages, pour son assistance sur le terrain.
- Au conservateur du PNB, SALE Séini pour sa facilitation lors de la phase de collecte des données sur le terrain.
- NHIOMOG Liliane Léonie Nadia, qui aujourd'hui suit la même formation
- IYAH Emmanuel, pour sa disponibilité à nous accompagner sur le terrain chaque fois que nécessité s'imposait.
- A MBAMBA M. JP Kévin, pour son aide dans l'utilisation du logiciel « R »
- A tous mes collègues enseignants à l'EFG qui ont su me remplacer sans difficultés aux heures de cours.

Egalement une pensée pour mes collègues de MFH2, autant ceux qui ont pu aller jusqu'au bout que les autres, pour la facilité d'échanges de connaissances qui a pu être développée durant ces mois passés ensemble via Internet.

LISTE DES TABLEAUX

LISTE DES FIGURES

LISTE DES PHOTOGRAPHIES

LISTE DES CARTES

LISTE DES ANNEXES

SIGLES ET ABREVIATIONS

CITES : Convention Internationale pour le commerce des espèces menacées d'extinction

EFG : Ecole de Faune de Garoua

DRFFN : Délégation Régionale des Forêts et de la Faune du Nord

MINEF: Ministère de l'Environnement et des Forêts

MINEP: Ministère de l'Environnement et de la Protection de la Nature

MINFOF: Ministère des Forêts et de la Faune

PNBN: Parc National de Bouba Ndjidda

PNF: Parc National du Faro

PNB : Parc National de la Bénoué

PNUD: Programme des Nations Unies pour le Développement

UICN: Union Internationale pour la Conservation de la Nature

UNESCO: Organisation des Nations Unies pour l'Education, la Science et la Culture

ZIC: Zone Inter-Cynégétique

WWF : World Wild Fund for Nature

RESUME

La présente étude s'est déroulée de Juin à Novembre 2011 et a porté sur « l'étude de la structure, de la croissance et du régime alimentaire de l'hippopotame au Parc National de la Bénoué et sa périphérie ». Les principaux objectifs étaient de : déterminer l'effectif, la densité et la distribution de la population d'hippopotames au Parc National de la Bénoué et ses environs, déterminer leur régime alimentaire, identifier les facteurs qui menacent l'intégrité des populations d'hippopotames et faire ressortir la perception de l'animal par les populations riveraines ainsi que les rapports issus de cette cohabitation (tout le long du fleuve Bénoué). La méthode utilisée pour évaluer la dynamique de la population d'hippopotames a été le dénombrement à pied le long d'un cours (Ngog Njé, 1988).S'agissant des enquêtes en vue de déterminer le statut de l'hippopotame à la périphérie du parc, nous avons procédé par des enquêtes.

Ainsi, une distance totale de 94,6 kilomètres (à vol d'oiseau) a été parcourue. Une population d'hippopotames de 180 individus a été estimée dans le PNB avec un IKA de 1,90 individu au km². 17 groupes d'hippopotames ont été observés et la taille moyenne d'un groupe a été estimée à 5,8 individus ; les individus solitaires sont les plus couramment rencontrés , suivis des groupes binaires, des groupes de 30 individus. En fonction de la taille de groupes d'hippopotames observés, 3 catégories de mares ont été distinguées : les mares à faible concentration d'hippopotames (1 à 10 individus), les mares à concentration moyenne (11 à 20 individus) et les mares à forte concentration (21 à 30 individus). Le sex-ratio a été estimé à 1 :4 .S'agissant des activités anthropiques au sein du PNB, des indices de braconnage ont été relevés (à une fréquence de 45,45%), de même que des activités d'orpaillage (30,30%). Le régime alimentaire des hippopotames s'est révélé être très diversifié avec un indice de Piélou de 5,6. Les rapports Hommes/Hippopotames sont surtout conflictuels. Les hippopotames occasionnent des dégâts aussi bien matériels qu'humains. Ceux-ci semblent apprécier les cultures de : maïs, riz, sorgho et arachide. Les riverains tentent de réduire ces dégâts par la surveillance (50%), le refoulement (15%) ou l'appel aux autorités en charge de la faune (10%). Les enquêtes ont également montré que le nombre d'hippopotames est en hausse dans cette zone. Ce qui peut expliquer la baisse du nombre du pachyderme dans le parc. Des recommandations ont été émises afin de répondre aux préoccupations de la CITES en réduisant les menaces qui pèsent sur les hippopotames et à valoriser leurs atouts.

Mots - clés : Hippopotame, Parc National de la Bénoué, dynamique des populations, statut

ABSTRACT

This study was conducted from June to November 2011 and was focused on «the study of the structure, growth and diet of the hippopotamus in the Benue National Park and surrounding." The main objectives were to: determine the size, density and distribution of the population of hippos in the Benue National Park and its surroundings, determine their diet, identify the factors that threaten the integrity of populations of hippos and highlight the perception of the animal by the local population as well as reports from this cohabitation (along the Benue River). The method used to assess the dynamics of the hippo population count was walking along a course (Ngog Nje, 1988). With regard to investigations to determine the status of the hippopotamus on the outskirts Park, we proceeded with investigations.

Thus, a total distance of 94.6 km (as the crow flies) was covered. A hippo population of 180 individuals was estimated in BNP of 1.90 with an IKA individual km2. 17 groups of hippos have been observed and the average size of a group was estimated at 5.8 individuals; solitaries individuals are the most commonly encountered , followed by binary groups, and groups of 30 individuals. Depending on the size of groups of hippos observed, 3 waterholes were identified: waterholes at low concentration of hippos (1 to 10 individuals), the average concentration waterholes (11 to 20 individuals) and ponds high concentration (21 to 30 individuals). The sex ratio was estimated at 1: 4. With regard to human activities in the BNP, evidence of poaching were recorded (at a frequency of 45.45%), as well as gold mining (30.30%). The diet of hippos has proven to be very diverse with Pielou index of 5.6. Reports Men / Hippos are mostly conflicting. Hippos cause damage both material and human. Hippos seem to like crops: corn, rice, sorghum and groundnuts. Local residents try to reduce these damages by monitoring (50%), return (15%) or appeal to the authorities in charge of wildlife (10%). The surveys also showed that the number of hippos is increasing in this area. This may explain the decline of the elephant in the park. Recommendations were issued to address the concerns of CITES in reducing threats to the hippos and value their assets.

Key-words: Hippo, the Benue National Park, population dynamics, status

TABLE DE MATIERES

«Nous avons le devoir moral de nous assurer que notre population d'hippopotames et les autres espèces ne vont pas disparaître à cause d'une exploitation non contrôlée ».
Professeur Elvis NGOLLE NGOLLE

INTRODUCTION

I- CONTEXTE ET JUSTIFICATION

Le Cameroun, avec une superficie de 475 440 km², présente une diversité écologique, culturelle et anthropologique remarquable. Près de 90% des écosystèmes africains y sont représentés et se répartissent en grandes zones écologiques : sahélienne, soudanienne, forestière, montagnarde, marine et côtière (MINEF, 2003). On y dénombre 409 espèces de mammifères dont 14 endémiques et 27 espèces menacées parmi lesquelles l'hippopotame (MINFOF, 2005). Il en résulte une diversité biologique dont la richesse situe le Cameroun au 5ème rang en Afrique après la République Démocratique du Congo, Madagascar, la Tanzanie et l'Afrique du Sud.

Le Nord-Cameroun présente une grande zone d'intérêt international pour la conservation de la faune sauvage. Cette richesse a permis la création de plusieurs aires protégées occupant près de 44% de la superficie de la région (DRFFN, 2008). Ces Aires Protégées sont constituées entre autres de Parcs Nationaux et des Zones d'Intérêt Cynégétique (ZIC). Nous relevons 28 ZIC et 3 Parcs nationaux dont le Parc National de la Bénoué (PNB), le Parc National du Faro (PNF) et le Parc National de Bouba Ndjidda (PNBN).

Le Parc National de la Bénoué renferme une faune diversifiée qui compte près de 35 espèces de grands et moyens mammifères diurnes appartenant à 11 familles (Tsakem *et al*, 2004). Parmi Ces mammifères figurent l'éléphant, l'hippopotame, le lion, la panthère, le colobe de guéréza, la girafe et l'oryctérope. L'espèce *Hippopotamus amphibius*, (Linné,1758), est un gros mammifère typiquement africain. Il appartient à l'ordre des artiodactyles et la famille des hippopotamidés.

Compte tenu des menaces qu'il subit, l'hippopotame est classé par l'UICN (2006) dans la catégorie « Vulnérable VU » sur la liste rouge des espèces menacées. Au Cameroun, il appartient à la classe A, donc intégralement protégé. En termes de population, l'UICN estime le nombre entre 125. 680 et 149. 230 individus à l'échelle mondiale (UICN, 2006). Son ivoire est très convoitée par les braconniers.

II- PROBLEMATIQUE

Depuis l'interdiction du commerce de l'ivoire de l'éléphant en 1989, l'on note une augmentation de l'exportation des canines des hippopotames (UICN, 2006). Cette recrudescence du commerce des dents du cheval de l'eau a atteint la barre de 53% du nombre d'exportation initial. Cela s'est traduit par une baisse considérable de la population d'hippopotames en Afrique (7 à 20%). Ce continent qui, pour la plupart des auteurs, reste la principale aire de répartition de cette espèce. Pour justifier l'ampleur des menaces, Dibloni et *al.* (2010) indiquent que la population d'hippopotames en Afrique a diminué suite à la dégradation de leur habitat, la chasse illégale et les conflits armés. Dibloni rapporte également qu'un recensement dans le Parc National de Virunga, à l'est de la République Démocratique du Congo, en 2003, a donné des résultats alarmants : les effectifs de cette réserve qui renferme la plus grande population d'hippopotames au monde ont été décimés à 95 %, passant de 29 000 il y a moins de 30 ans à environ 1300 aujourd'hui. L'étude a été menée notamment par l'Institut Congolais pour la Conservation de la Nature (ICCN), le Fonds mondial pour la nature (WWF).

S'agissant du Cameroun, selon la CITES (2010), la population des hippopotames est estimée à environ 500-1500 individus présents à faibles densités. Elle précise également que l'on dispose de peu d'informations sur son état de conservation au Cameroun, une situation définie comme étant préoccupante. Le conflit humain résultant des dégâts causés sur les cultures apparaît être la menace principale. Au niveau de la Région du Nord Cameroun, les responsables en charge de la conservation de la faune mentionnent que le braconnage représente la principale cause de la réduction des effectifs de la faune . Selon eux, les braconniers recherchent surtout les grands et moyens mammifères (bubales, buffles, élands de derby, hippotragues, cobes de Buffon) pour leur viande et / ou pour leurs trophées (éléphants, hippopotames).

Des dénombrements ont été réalisés dans le PNB. Stark *et al* (1975) ont estimé celle-ci à 325 individus. Cet effectif est passé à 350 individus lors de la dernière étude dans le parc (Zibrine et Gomsé, 1999). Il en ressort de ces deux études qu'il y'a un maintien d'une certaine constance de la population d'hippopotames. La population humaine quant à elle accroit et il se pose un problème au niveau de la cohabitation. Les riverains au parc sont en majorité des immigrants aux revenus précaires qui tirent l'essentiel de leurs ressources de la brousse en pratiquant entre autres l'agriculture, l'orpaillage, l'élevage sédentaire et les coupes abusives de bois (MINFOF, 2009). Les conséquences plus ou moins directes sont la dégradation de l'habitat faunique, la pollution des cours d'eaux. Outre cela, les quotas de chasse sont reconduits chaque année sans toutefois tenir compte de l'effectif réel de la faune (Tsakem, 2006).

Par ailleurs, très peu d'études ont été menées sur le colosse au Parc National de la Bénoué et ses environs. Les dernières en date sont celles de Ngog Njié (1988) et de Zibrine et Gomsé(1999). Du fait de la densité de la population humaine toujours croissante et de la forte demande en terre des populations, la gestion des ressources végétales et fauniques dans la Région du Nord constitue l'une des principales contraintes pour la conservation de la faune sauvage. Si rien n'est fait, cette espèce subira le sort du Rhinocéros noir qui lui, a totalement disparu dans la région, victime du braconnage. L'amélioration de la connaissance des ressources est un outil indispensable pour une gestion durable de la faune en général et de l'hippopotame en particulier.

Au vu de tout ce qui précède, l'hypothèse suivante peut être posée : le manque de statut couplé à la dégradation de l'habitat, handicapent la dynamique de croissance et perturbe le régime alimentaire des populations d'hippopotames dans le PNB et sa périphérie ;

III- OBJECTIFS DE L'ETUDE

L'objectif global de cette étude est d'examiner le statut et la dynamique des populations d'hippopotames dans le PNB et sa périphérie. Plusieurs objectifs spécifiques sous-tendent celui-ci à savoir :

- Déterminer l'effectif, la densité et la distribution de la population d'hippopotames au Parc National de la Bénoué et ses environs ;
- Déterminer la structure des populations d'hippopotames ;
- Déterminer leur régime alimentaire ;
- Identifier les facteurs qui menacent l'intégrité des populations d'hippopotames.
- Faire ressortir la perception de l'animal par les populations riveraines ainsi que les rapports issus de cette cohabitation (tout le long du fleuve Bénoué).

IV-IMPORTANCE DE L'ETUDE

La présente étude pourrait être utile à l'amélioration des connaissances de l'écologie de l'hippopotame en vue de contribuer efficacement à sa gestion aussi bien dans le PNB et sa périphérie, que dans les deux autres aires protégées de la région du nord Cameroun.

Les données sur la taille et la distribution des hippopotames nous permettraient non seulement d'enrichir la littérature, mais aussi d'avoir une idée sur la tendance évolutive ou régressive de ces populations. De même, les informations sur le régime alimentaire des hippopotames nous permettraient de circonscrire les principaux facteurs indispensables à la croissance et au développement du pachyderme.

Pour les responsables en charge de la conservation, cette étude permettra de réduire les aspects conflictuels avec l'Homme et aussi, de proportionner les quotas d'abattages en fonction de l'effectif de la population de l'espèce. Pour l'école de faune (autorité scientifique CITES pour le Cameroun) cette étude contribuera à alimenter la base des données pour le suivi de l'évolution de l'espèce et à déterminer si le commerce est préjudiciable pour la survie de cette espèce et ainsi produire des réponses aux préoccupations de la CITES en ce qui est des hippopotames.

V- LIMITES DE L'ETUDE

L'étude a été conduite en début de saison des pluies au moment où, à la faveur de la clémence des températures, les populations ne sont pas regroupées le long du lit du fleuve Bénoué. La mobilité lors des dénombrements de la population d'hippopotames en période humide est rendue pénible par l'abondance des eaux et de la végétation sur les berges en particulier les herbacées de la famille des mimosacées. Ainsi contrairement à un inventaire en saison sèche, il peut y avoir omission de certains individus lors du comptage.

CHAPITRE I : PRESENTATION DE LA ZONE D'ETUDE

I-1- COORDONNEES GEOGRAPHIQUES DU NORD

La province du Nord-Cameroun est située entre 8° et 10° de latitude Nord, 13° et 14°05' de longitude Est (Humbel et Barbery, 1974). Elle est limitée au Nord par la Région de l'extrême -Nord, au Sud par la Région de l'Adamaoua, à l'Ouest par la République du Nigeria, à l'Est par la République du Tchad et la République Centrafricaine. Elle couvre une superficie de 67 798 km² pour une population d'environ 1,3 millions d'habitants, soit une densité d'environ 20 habitants/ km² (Anonyme, 1997).Cette Région compte 4 départements:

- Le département de la Bénoué avec pour chef-lieu Garoua ;

- Le département du Faro avec pour chef-lieu Poli ;

- Le département du Mayo-Rey avec pour chef-lieu Tcholliré ;

- Le département du Mayo-Louti, avec pour chef-lieu Guider.

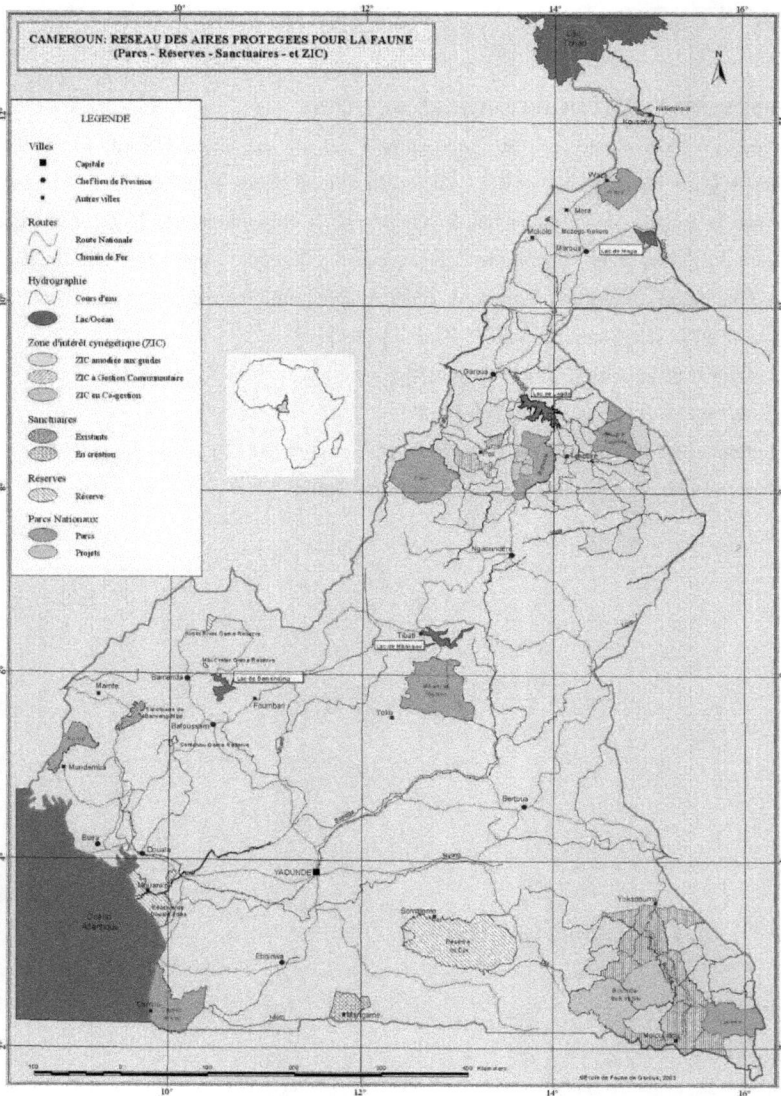

Carte 1: Réseau d'aires protégées au Cameroun

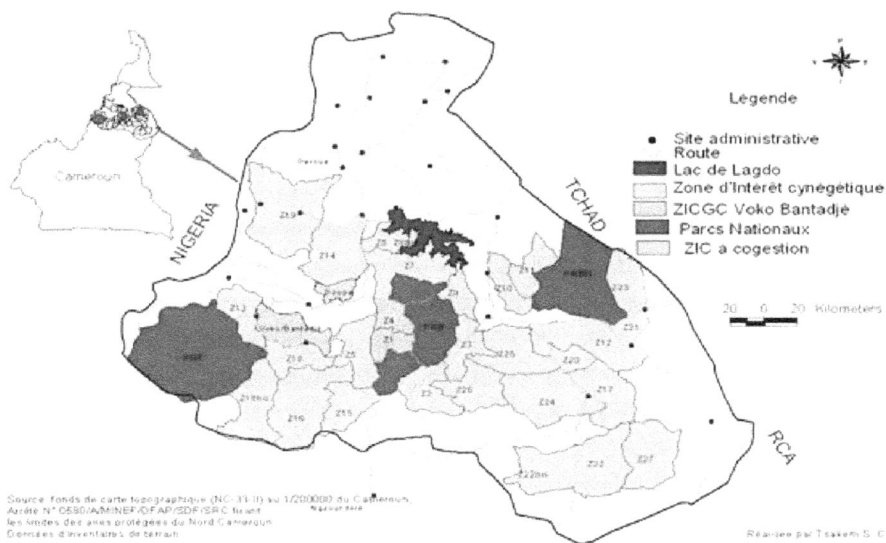

Carte 2 : Réseau d'aires protégées au Nord Cameroun

I-2- PRESENTATION DU PNB

I-2-1- Localisation

Le Parc National de la Bénoué fait partie du réseau des aires protégées du Cameroun dont l'effectif actuel est de 18 parcs. Il est situé entre 7°55 et 8°40 de latitude Nord et entre 13°33 et 14°02 de longitude Est. Administrativement, il est localisé dans le département du Mayo Rey et couvre une superficie de 180 000 ha

Le PNB est limité :

-Au Nord par les cours des Mayo Ladé et Lainde - laol ;

-Au Sud par le cours du Mayo Dzoro ;

-A l'Est par le cours du fleuve Bénoué ;

-Et à l'Ouest par la route nationale N°1 Ngaoundéré - Garoua, du pont sur le Mayo Dzoro jusqu'au village Banda ; l'ancienne route Ngaoundéré - Garoua, de Banda à ex-Djaba ; par la nationale N°1, de ex-Djaba au pont sur le Mayo Salah ; par le cours du Mayo Salah jusqu'au point de confluence avec le Mayo Ladé.

I-2-2- Climat

L'UTO de la Bénoué et ses environs bénéficient d'un climat soudano-guinéen, typique à la région. La moyenne pluviométrique corroborée par les archives de la station de Buffle-Noir était d'environ 1.400 mm / an dans les années 1998 ; les mois les plus pluvieux étant Août et Septembre avec 352,5 et 362,5 mm de pluie respectivement (Mendjemo, 1998).

L'analyse de la variation des précipitations moyennes annuelles montre une tendance à la sécheresse. Par ailleurs, les risques liés à la pluviométrie concernent la grande variabilité de la pluviométrie dans l'espace et dans le temps et l'agressivité des pluies. Ces contraintes climatiques contribuent, pour beaucoup, à l'exacerbation du processus de désertification dans cette zone (MINEP et PNUD, 2006). Les températures moyennes diurnes sont voisines de 28°C, avec des écarts thermiques très importants (7,7°C).

I-2-3- Historique de la zone

L'histoire du PNB est liée à celle de la chefferie de Rey Bouba qui, pendant les périodes précoloniales, utilisait cet espace comme son domaine privé de chasse. Sous l'impulsion de l'administrateur colonial, notamment Pierre FLIZOT (Inspecteur colonial de chasse), ce domaine a été classé réserve de faune de la Bénoué suivant l'Arrêté N° 341/32 du 11 Novembre 1932 du haut-commissaire de la République Française au Cameroun. En créant cette réserve, l'administration coloniale voulait atteindre les objectifs suivants :
- Favoriser le reboisement naturel en interdisant tout déboisement par les défrichements et les feux de brousse ;
- Promouvoir le tourisme de vision en favorisant la multiplication et le rassemblement des grands mammifères ;
- Protéger les élands de derby et le rhinocéros noir qui étaient cruellement chassés pour leurs trophées.

Conscient des multiples pressions exercées par l'homme sur les ressources naturelles et la nécessité de préserver des échantillons représentatifs de la diversité biologique de la région, l'Etat du Cameroun a érigé la réserve de faune de la Bénoué en Parc National suivant l'Arrêté N° 120/SEDR du 5 décembre 1968, lui accordant ainsi une protection intégrale sur les 180 000 ha. Depuis 1981, le PNB a été inscrit par l'UNESCO sur la liste des réserves de la biosphère en raison de la présence humaine dans ou autour du Parc. Son tout premier plan d'aménagement a été validé en 2002.

I-2-4- La faune

Près de 35 espèces de mammifères appartenant à environ 11 familles ont été recensées dans le PNB
Le tableau suivant l'illustre :

Tableau 1: Classification des mammifères du PNB et ses environs (Tsakem *et al*, 2004)

Ordre	Famille	Nom scientifique	Nom commun
Primates	Cercopithecidae	*Papio anubis*	Babouin
		Cercopithecus aethiops	Singe vert
		Erythrocebus patas	Patas
	Colobidae	*Colobus guereza*	Colobe guéréza
Arthiodactyles	Bovidae	*Kobus defassa*	Cobe Defassa
		Kobus kob kob	Cobe de Buffon
		Hippotragus equinus	Hippotrague
		Alcelaphus buselaphus major	Bubale
		Syncerus caffercaffer	Buffle
		Tragelaphus derbianus	Eland de Derby
		Tragelaphus scriptus	Guib hanarché
		Redunca redunca	Redunca
		Cephalophus rufilatus	Céphalophe à flanc roux
		Cephalophus grimmia	Céphalophe de Grimm
		Ourebia ourebi	Ourébi
	Giraffidae	*Giraffa*	Girafe
	Suidae	*Potamocheorus aethiopicus*	Potamochère
		Phacocheorus africanus	Phacochère
	Hippopotamidae	*Hippopotamus amphibus*	Hippopotame
Carnivores	Viverridae	*Viverra vivetta*	Civette
	Felidae	*Panthera leo*	Lion
		Panthera pardus	Panthère
		Felis serval	Serval
		Felis caracal	Caracal
	Hyenidae	*Crocuta crocuta*	Hyène tacheté
	Canidae	*Canis aureus*	Chacal commun
		Lycaon pictus	Lycaon
Proboscidiens	Elephantidae	*Loxodonta africana africana*	Eléphant d'Afrique
Rongeurs	Leporidae	*Lepus crawshayi*	Lapin d'Afrique
	Scuiridae	*Xerus erythropys*	Ecureuil fouisseur
	Hystricidae	*Hystrix cristata*	Porc-épic

I-2-5- Géomorphologie, formations géologiques et sols

La topographie du Parc de la Bénoué et de ses environs est formée d'une succession de collines séparées par de vallons à fonds évasés, souvent érodés ou ravinés. Elle est caractérisée par un relief relativement accidenté comprenant un ensemble de massifs localement appelés « *hossérés* », dont l'altitude minimale est de 220 m et la maximale de 759 m au niveau de Mbana. Ces *hossérés* sont séparés par des plaines plus ou moins vastes (Dirasset *et al.* 2000). Deux principales formations géologiques dominent le bassin de la Bénoué : il s'agit du socle granito-gneissique et des alluvions fluviales (Brabant *et al.* 1985). Les roches grenues acides prédominent dans la région.

La carte des sols de la Région du Nord éditée par l'ORSTOM indique que le PNB et ses zones périphériques sont constitués essentiellement de régosols et de lithosols. On y trouve également des sols ferrugineux qui constituent environ 60% des sols cultivés de la Région. Ils ont une faible teneur en argile, souffrent d'un lessivage important et leur structure est peu développée en surface avec un horizon sablo-argileux en profondeur. Ces sols sont acides avec un pH compris entre 5 et 6.

I-2-6- Hydrographie et hydrologie

Le PNB fait partie du Bassin de la Bénoué arrosé par le fleuve Bénoué qui constitue le principal affluent du Bassin du Niger et l'unique cours d'eau permanent de la zone. Le réseau hydrographique du Bassin de la Bénoué est de moindre importance et de type saisonnier.

Le régime hydrologique des principaux cours d'eau est marqué par le climat soudano-guinéen avec comme principales caractéristiques des débits élevés, des crues annuelles brutales, des étiages très prolongés et un écoulement saisonnier localement appelé Mayo ou cours d'eau saisonniers dont les Mayo Sala, Altou, Wani et Konwa.

Le régime des cours d'eau est davantage lié à l'importance de la durée de la saison sèche et/ou à la durée/intensité de la saison des pluies, ainsi qu'à un ensemble de facteurs variables relatifs à l'état du sol. La hauteur et la durée des crues sont localement très importantes pour les cultures de décrue et pour les activités agro-sylvo-pastorales d'une manière générale. Ces ressources en eau sont complétées par des retenues d'eau vitales pour la population, au rang desquels le barrage de Lagdo, le barrage de Maga et le Lac Tchad.

I-2-7- Flore

D'après le profil environnemental réalisé en 2004, la végétation de la zone soudano-sahélienne est composée de steppes arbustives soudano-sahélienne de la région de Garoua, de savanes arbustives de la vallée de la Bénoué et de savanes médio-soudaniennes sur sols plus ou moins caillouteux (ERE Développement, 2009).

La flore est dominée par les savanes soudanaises avec une présence de galeries forestières qui jonchent les lits des cours d'eau (Letouzey, 1968). Ce sont des facteurs qui favorisent l'habitat de la faune sauvage et qui font de l'UTO de la Bénoué et ses environs un gîte par excellence pour les animaux.

Les espèces herbacées et ligneuses de la savane ont de multiples usages : bois de chauffe, matériaux de construction, outils, meubles, produits de cueillette, pharmacopée, etc. La production du bois de feu et de charbon constitue dans la région, la plus importante forme d'exploitation des espèces ligneuses. Cette exploitation est stimulée par une forte demande au niveau des centres urbains. Les espèces les plus appréciées sont : *Anogeissus leiocarpus*, *Dalbergia melanoxylon*, *Acacia seyal*, *Dichrostachys cinerea*, *Balanites aegyptiaca* (Mendjemo, 1998). La surexploitation des ressources ligneuses a induit une forte dégradation du couvert végétal, voire leur raréfaction, ainsi que la modification des écosystèmes et une importante perte en biodiversité. Les trajectoires naturelles de ces formations suivent désormais une dynamique régressive.

La strate herbeuse est à dominance de *Loudetia spp* et de graminées parmi lesquelles *Andropogon gayanus*, *A. schirensis*, *A. pseudapricus*, *Hyparrhenia subplumosa*, *H. smithiana*, *H. rufa*, *Pennisetum unisetum*, *Sporobulus pectinellus*, *Setaria barbata*, *Vetiveria nigritana* et *Chloris robusta*. Les espèces telles que *Adansonia digitata* (Baobab), *Borassus aethiopium* (rônier), *Bombax costatum* (Kapokier), *Elaeis guineensis* (palmier), *Tamarindus indica* (Tamarinier) et *Ficus spp.* (Figuier) indiquent la présence actuelle ou ancienne de l'homme.

I-2-8- Les populations humaines

Plusieurs ethnies composent la population vivant dans l'UTO de la Bénoué. Les groupes autochtones sont composés des Haoussas essentiellement commerçants, des Foulbés particulièrement éleveurs, des Fali, Kangou, Mboum, Laka, Dourou, Veré, Tchamba, Bata qui sont des agriculteurs. L'ethnie majoritaire est constituée par les Dourou pour la plupart des agriculteurs.

Les allogènes sont représentés par les immigrants venus de l'Extrême-Nord et du Tchad: il s'agit des Toupouris, Massa, Matakam, Moundang, Guiziga, Laka, Mada qui pratiquent pour la plupart la culture du coton (WWF, 2002). Ils sont fortement impliqués dans l'exploitation et la vente de bois de chauffage (activités qui contribuent substantiellement à la destruction du couvert végétal, et donc de l'habitat pour la faune).

CHAPITRE II : REVUE DE LITTERATURE SUR L'HIPPOPOTAME

II-1- CADRE LEGISLATIF FAUNIQUE AU CAMEROUN

Le Cameroun a amorcé une avancée significative, avec l'adoption d'un ensemble de textes de lois donc les plus importants sont la loi de 1994 portant régime des Forêts, de la Faune et de la Pêche, le décret de 1995 fixant les modalités d'application du régime de la faune et deux intéressants arrêtés du 18 décembre 2006. Le premier est l'Arrêté N°0648/MINFOF du 18 décembre 2006 fixant la liste des animaux de classe de protection; le second lui, est l'Arrêté N°0649/MINFOF du 18 décembre 2006 portant répartition des espèces de faune en groupes de protection et fixant les latitudes d'abattage par type de permis sportif de chasse. S'agissant du classement des animaux par catégories, 3 classes ont été définies :

- La classe A regroupe les animaux qui bénéficient d'une protection intégrale ;
- La classe B concerne les animaux partiellement protégés et dont la chasse se fait après obtention d'un permis de chasse ;
- La classe C pour les animaux dont la chasse est permise mais réglementée.

Ces Arrêtés constituent une clé majeure de conservation légale du patrimoine faunique camerounais et s'inscrivent comme des outils dynamiques de contrôle de la population faunique.

II-2- GENERALITES SUR LES HIPPOPOTAMES

Etymologiquement, hippopotame vient du grec *hippos* = cheval et *potamus* qui veut dire rivière. D'où son appellation « cheval de rivière ». Cette comparaison au cheval ne viendrait pas d'un quelconque lien de descendance avec le cheval mais plutôt, de l'apparence des yeux, oreilles et naseaux quand l'animal est immergé qui ressemble, à ce moment, au cheval (Eltringham, 1999).

Photo 1: Tête d'hippopotame émergent (www.larousse.fr)

Il existe deux sous- espèces: l'hippopotame nain et l'hippopotame dit amphibie. En effet, les deux entités proches ont réussi à s'acclimater à des habitats différents : l'hippopotame nain vit en forêt, et l'hippopotame amphibie vit en savane.

II-3- CLASSIFICATION DE L'HIPPOPOTAME COMMUN

Règne : Animal

Embranchement : Chordés

Sous- embranchement : Vertébrés

Classe : Mammifères

Sous-classe : Thériens

Infra-classe : Euthériens

Ordre : Artiodactyles

Super famille : Anthracotheriodea

Famille : Hippopotamidae

Genre : *Hippopotamus*

Espèce : *Hippopotamus amphibius.*

Plusieurs genres d'hippopotames ont évolué durant les temps (Paléontologie des vertébrés, 2010) : Genre *Hippopotamus* (Linné, 1758) :

❖ *Hippopotamus amphibius*– Hippopotame

❖ *Hippopotamus antiquus* - Hippopotame européen (espèce disparue)

❖ *Hippopotamus creutzburgi* - Hippopotame nain de Crête (espèce disparue)

❖ *Hippopotamus minor* - Hippopotame nain de Chypre (espèce disparue)

❖ *Hippopotamus meltensis* - Hippopotame de Malte (espèce disparue)

❖ *Hippopotamus lemerlei* - Hippopotame de Lemerle (espèce disparue)

❖ *Hippopotamus laloumena* - Hippopotame de Madagascar (espèce disparue)

❖ *Hippopotamus gorgops* - Hippopotame gorgops (fossile)

Il existe cinq sous-espèces de l'hippopotame amphibie désignées surtout en fonction de leur répartition géographique (Eltringham, 1993) :

- *Hippopotamus amphibius amphibius* (Afrique de l'Est et Ouest de l'Ouganda) ;

- *Hippopotamus amphibius tchadiensis* (Tchad et Nigeria et Burkina Faso) ;

- *Hippopotamus amphibiu kiboko* (Kenya et en Somalie) ;

- *Hippopotamus amphibius constrictis* (Angola et Namibie) ;

- *Hippopotamus amphibius capensis* (Zambie et Sud de la République Sud-africaine).

II-4- MORPHOLOGIE/ANATOMIE DE L'HIPPOPOTAME

Les hippopotames sont massifs et leurs pattes forment des piliers. Ils possèdent une grosse tête, une bouche large qui peut s'ouvrir selon un angle important, des canines importantes qui peuvent mesurer plus de 60 cm chez les hippopotames amphibie mâles ; leurs yeux et leurs oreilles sont placés en haut de la tête. Leurs narines peuvent se refermer par contraction, et leurs conduits auditifs se bouchent lorsqu'ils plongent, ce qui s'avère très pratique dans leur mode de vie amphibie. Ils peuvent, grâce à ce système, éviter l'entrée d'eau dans leurs poumons quand ils se déplacent sous l'eau. Les hippopotames ne disposent pas de glandes sudoripares, ni d'aucun autre moyen pour réguler leur température interne. Ces animaux sont principalement herbivores (les hippopotames nains ayant un régime alimentaire plus large que l'espèce commune. Ils peuvent vivre en moyenne 45 ans (Laws et Clough, 1996).

Les deux espèces diffèrent notamment par la forme des oreilles, les arcades sourcilières sont beaucoup plus prononcées chez l'hippopotame amphibie. Ce dernier est beaucoup plus grand puisqu'il mesure 1,50 m au garrot pour 3,50 m de longueur et une masse de 1,4 à 3,2 tonnes.

Photo 2 : (a) Hippopotame nain　　　　　　**(b) Hippopotame commun**

(www.dinosoria.com/hippopotame)

L'hippopotame nain (*Choeropsis liberiensis,*Morton 1844) a la même allure que son homologue amphibie, mais il a la taille d'un grand sanglier (80 cm au garrot - 1,60 m de long). Sa tête est relativement plus petite tandis que ses membres sont, eux, proportionnellement plus longs. Il passe plus de temps sur terre et vit dans les forêts denses et humides. On les retrouve en Afrique Occidentale (Côte d'Ivoire, Liberia). Il est plutôt solitaire mais parfois en couple (la mère et son petit). La morphologie des pattes est aussi différente (cf photo 3b), les doigts sont plus longs pour l'espèce naine, l'espèce étant plus adaptée à la marche.

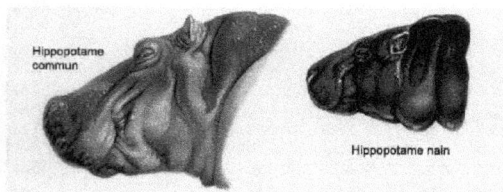

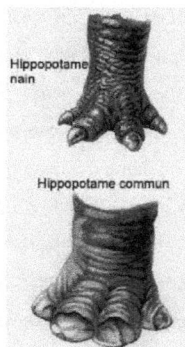

Photo 3: (a)Tetes d'hippopotames　　　　　　**(b) Pattes d'hippopotames**

(www.dinosoria.com/hippopotame)

Pour les protéger encore plus du Soleil, leur peau glabre sécrète une sorte d'écran solaire naturel de couleur rougeâtre appelé parfois « sueur de sang », mais ce n'est en réalité ni du sang, ni de la sueur. Deux pigments différents et extrêmement acides ont été identifiés dans ces sécrétions : un de couleur rouge et l'autre orangé. Le pigment rouge est l'acide hipposudorique et le pigment orangé, l'acide norhipposudorique. On a découvert que le pigment rouge inhibe la croissance des bactéries pathogènes, ce qui laisse à croire que la sécrétion a un effet antibiotique.

Photo 4 : Hippopotames recouverts d'acide hipposudorique
(www.dinosoria.com/hippopotame)

L'absorption de la lumière par ces deux pigments est maximale dans la gamme ultraviolette, ce qui équivaut à l'effet d'un écran solaire. Comme les hippopotames sécrètent ces pigments partout dans le monde, il ne semble pas que ce soit leur alimentation qui en soit la source. Au lieu de cela les animaux peuvent synthétiser les pigments à partir de précurseurs comme la tyrosine qui est un acide aminé (*Saikawa et al, 2004*).

II-5- ECOLOGIE DE L'HIPPOPOTAME

L'hippopotame a besoin à la fois d'eau assez profonde et d'un lieu de pâturage assez proche pour faire l'aller-retour dans la nuit. Il évite les eaux à débit rapide, préférant les pentes douces avec un sol ferme, où les troupeaux peuvent rester à moitié submergés. Les mères venant de mettre bas peuvent allaiter sans nager. La présence d'eau en permanence n'est pas indispensable, les animaux pouvant se rouler dans la boue pour se rafraichir. Toutefois ils sont obligés de retourner dans l'eau lors de la saison sèche. Le facteur essentiel est que la peau doit rester humide pour éviter des fissures si elle reste exposée à l'air pendant de trop longues périodes.

Selon Batelière (1973) les hippopotames, étaient présents dans toute la région éthiopienne, dans les zones où il y avait de l'eau et des pâturages succulents. Le même auteur relève que toutefois, ils ne pénétraient jamais en forêt dense, car la végétation herbacée y est pratiquement inexistante. A l'intérieur de leur vaste, habitat, ils se tiennent dans les fleuves et les lacs ombragés car même immergés, ils supportent très mal le soleil, en particulier les petits. Certains envahissent aussi les mares de vase fluide, que l'on appelle "hippo pool" où ils s'entassent pour passer la journée couverte de boue. D'ailleurs ils sont peu abondants dans les rivières claires, où ils ne trouvent pas de protection suffisante. En revanche, dans les eaux troubles, ils peuvent se dissimuler à loisirs. Ces données sur l'écologie de l'hippopotame peuvent aider les spécialistes de la faune si la nécessité de domestiquer l'espèce s'impose.

II-6- COMPORTEMENT SOCIAL

Ils vivent en groupe de 10 à 15 individus mais certains regroupements comportent bien plus de 40 bêtes. La cellule sociale principale est composée des femelles et des petits, les mâles adultes gravitent autour; plus ils sont près, plus ils sont importants. Chaque groupe est mené par un mâle dominant et se compose de 3 sous-ensembles : les mères avec leurs petits, les femelles sans progéniture et les jeunes mâles. Pour certains auteurs, il y aurait un seul mâle qui commande le troupeau et conserve sa place par intimidation régulière.

Les jeunes attendent 8 à 10 ans d'âge pour défier le chef de groupe. Certains mâles âgés sont solitaires. Sédentaire, l'hippopotame forme des territoires dans l'eau et sur la berge. Chaque groupe utilise le même sentier pour sortir et revenir dans l'eau. Plus on se rapproche de la mare, plus le territoire est défendu. Les mâles se menacent par intimidation en écartant largement leurs mâchoires.

Photo 5: Hippopotame menaçant (Maha)

Le mâle dominant marque son territoire en dispersant son crottin. Les autres mâles, surtout ceux approchant l'âge adulte, doivent adopter une attitude de soumission. Dans le cas contraire, de violents combats éclatent. Les hippopotames utilisent alors leurs canines inférieures comme des armes provoquant souvent de profondes blessures.

II-7- ALIMENTATION

L'hippopotame se nourrit d'herbes et de graminées à proximité des berges. Mais, à la nuit tombée, il s'éloigne des berges pour rejoindre des pâturages par des sentiers précis, parcourant pour cela jusqu'à 10 kilomètres. Pendant sa quête de nourriture, il arrive parfois qu'il pénètre dans des plantations occasionnant alors d'énormes dégâts. Il consomme 40 kg de matières végétales par jour. Kabré (2006), a ainsi pu déterminer les heures de sortie d'eau et de retour des hippopotames au Burkina-Faso :

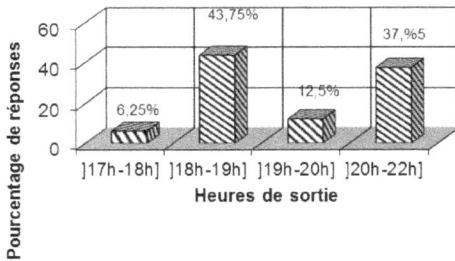

Histogramme 1 : Heures de sortie des hippopotames de l'eau (Burkina Faso)

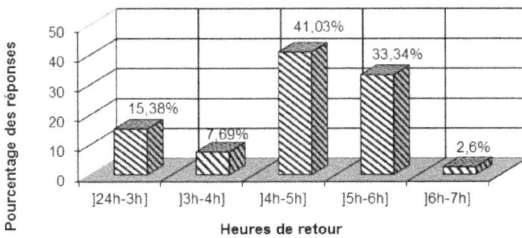

Histogramme 2: Heures de retour des hippopotames dans l'eau (Burkina Faso).

II-8- REPRODUCTION

Les hippopotames ne se reproduisent pas avant l'âge de 6-13 ans pour les mâles et avant 7-15 ans pour les femelles. Les petits naissent toujours à la saison des pluies. Si bien qu'il n'y a qu'une vague de naissances dans les régions où il n'y a qu'une saison des pluies par an, comme en Afrique du Sud, et deux vagues, dans l'est de l'Afrique, où il y a deux saisons. Ils s'accouplent de 227 à 240 jours plus tôt, pendant la saison sèche. L'œstrus – c'est-à-dire le moment du cycle où la femelle est en ovulation – dure environ trois jours. Elle met son petit au monde en eau peu profonde, ou bien à terre, mais dans une zone bien protégée. Elle le défend férocement, contre les grands prédateurs, et contre les mâles adultes de sa propre espèce ! Après la naissance, la femelle reste isolée une dizaine de jours avant de rejoindre le groupe. Le taux de mortalité infantile est très élevé : il va jusqu'à 45 % au cours de la première année ; il est de 15 % lors de la deuxième. (Au-delà, jusqu'à environ 30 ans, chaque classe d'âge perd chaque année environ 4 % de ses effectifs.)

II-9- REPARTITION GEOGRAPHIQUE

Les hippopotames vivants sont maintenant limités en Afrique. Bien que la distribution fût plus grande pendant le pléistocène, plusieurs espèces se sont éteintes. La distribution générale des hippopotames a été bien connue pendant des siècles. Et il est probablement vrai de dire que toutes ces espèces se trouvaient en Afrique au sud du Sahara où les conditions étaient favorables c'est-à-dire où il y avait de l'eau et le pâturage. Sidney (1965) fut le premier à mener une étude sérieuse sur la distribution des hippopotames, lors de son inventaire sur quelques ongulés en Afrique.

Pour Lewison (2009), l'espèce est présente en Afrique centrale, en Angola, au Bénin (300 – 500 individus), dans le nord du Botswana (2000 - 4000 individus), Burkina Faso (500 – 1000 individus), Burundi (200 – 300 individus), Cameroun (500 – 1500 individus), République centrafricaine (850 individus), au sud du Tchad, de la Côte d'Ivoire (300 – 400 individus), République du Congo, dans le nord de l'Érythrée, l'Éthiopie (5000 individus), la Guinée équatoriale (100 individus), Gabon (250 individus), Gambie (40 individus), Ghana (400 – 600 individus), Guinée (1000 – 2000 individus), Guinée Bissau (500 – 1000 individus), Kenya (5000 individus), Libéria, Rwanda (200 – 400 individus), Sénégal (500 individus), Sierra Leone (100 individus), Somalie (moins de 50 individus), Soudan (3000 – 6000 individus), Malawi (10 000 individus), Mali (500 – 1000 individus), Mozambique (18 000 individus), Namibie, Niger (100 individus), Nigeria (300 individus), République du Congo, Sierra Leone, Afrique du Sud (aujourd'hui seulement dans le nord et l'est de la Province du Limpopo, dans l'est de la province de Mpumalanga, et le nord du KwaZulu-Natal ; 3000 – 5000 individus), Tanzanie (20 000 – 30 000 individus), Togo (300 – 350 individus), Ouganda (7000 individus), Zambie (40 000 individus) et Zimbabwe (7000 individus).

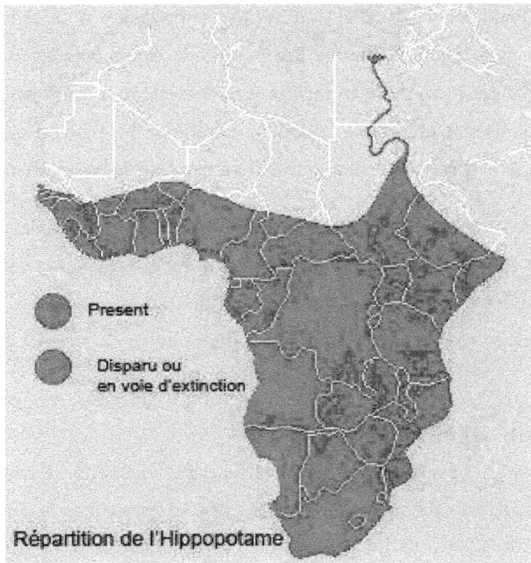

Carte 3 : Distribution courante de *Hippopotamus amphibius* en Afrique.
(www.animaux.arroukatchee.fr)

S'agissant du Cameroun, aucune carte concernant la répartition des hippopotames n'est disponible. Il est nécessaire que cela soit fait afin de déterminer les zones à fort risque de disparition de ceux-ci. De même, un inventaire national se doit d'être fait. On sait toutefois que l'on rencontre le pachyderme dans l'Extrême-Nord, le Nord et dans quelques poches dans la zone forestière. A l'exemple des mares de Lala, (à l'Est du pays) qui passent pour d'exceptionnels sites touristiques, avec pour particularité le fait que les nombreux hippopotames qu'elles abritent sont plutôt des totems. Le délégué régional de la région fait état d'une population importante d'hippopotames autour des deux mares", précisant que " l'administration du Tourisme a entrepris depuis plusieurs années, au gré des moyens mis à sa disposition, d'aménager ces mares pour permettre aux touristes et autres visiteurs de pouvoir voir ces hippopotames s'ébattre dans ces mares qui sont le long de la Kadey ".On les retrouve également dans la cross river, département de la Manyu, dans la région du Nord-Ouest du Cameroun.

II-10- IMPORTANCE DE L'HIPPOPOTAME

Les hippopotames fertilisent les cours d'eaux et les lacs. Quand l'animal dépose ses excréments dans l'eau, il remue très rapidement sa queue courte et plate et disperse le contenu. Ce qui attire de nombreux poissons de taille moyenne, de l'espèce *Labeo velifer*, appartenant à la famille des Cyprinidés, qui semblent se nourrir dans une large mesure des déchets de l'hippopotame (Batelière, 1973). Le même auteur ajoute que cette même espèce joue le rôle de service hygiénique car elle parcourt aussi lentement le corps du gros mammifère, recueillant aussi bien les plantes aquatiques que les détritus qui peuvent se déposer sur la peau et dans les orifices naturels du pachyderme.

Les excréments du pachyderme accomplissent à la longue une fonction très importante puisque, dispersés dans le milieu fluvial, ils constituent un excellent engrais azoté, qui permet la croissance d'une immense variété de plantes aquatiques, et notamment d'algues minuscules considérées comme substance nutritive de base. L'hippopotame favorise ainsi la prolifération de la flore et la faune aquatiques.

II-11- PREDATION DES JEUNES HIPPOPOTAMES

Les petits non protégés peuvent devenir la proie de lions, des hyènes et des crocodiles. Rester à côté de la mère est une bonne sécurité car les mâchoires d'un hippopotame sont capables de couper un crocodile de 3 mètres en deux (UICN, 2006). Le piétinement est probablement le principal danger pour les jeunes hippopotames, pendant les combats, les poursuites ou les fuites précipitées, impliquant généralement les mâles (Batelière, 1973). La conséquence de tout cela est la baisse de la population juvénile qui peut présenter un grand danger dans le processus de regénération de l'espèce.

II-12- COMMERCE ET GESTION DE L'ESPECE

Hippopotamus amphibius a été listé dans l'Annexe III de la CITES (Ghana) le 26/02/76 et dans l'Annexe II le 16/02/95. Le commerce international implique essentiellement l'ivoire (canines et dents incisives, souvent notées comme défenses) pour son utilisation dans des sculptures (Weiler *et al.*, 1994) bien que le commerce inclut également des trophées, des pieds, des crânes, des os, des peaux et des objets en cuir. Les défenses sont aussi grandes que celles de nombreux éléphants et peuvent être dans certains cas plus recherchées puisqu'elles ne jaunissent pas avec le temps (Nowak, 1991). Les principaux pays impliqués dans l'exportation de défenses/dents sont : la République- Unie de Tanzanie, la Zambie, le Zimbabwe, le Malawi et l'Afrique du Sud. A l'exception de l'Afrique du Sud, tous ces exportateurs majeurs ont été éliminés de la procédure sur la base d'informations fournies par le Secrétariat (AC24 rapport résumé). La majorité du commerce de l'espèce depuis sa classification dans l'Annexe II a concerné des spécimens sauvages (CITES, 2010).

II-13- ETAT DE PROTECTION DE L'HIPPOPOTAME SELON L'UICN

La situation des hippopotames dans les différentes aires de répartition de l'espèce préoccupe les autorités en charge de la protection des animaux, dont la CITES. Dans cette optique il été créé un Groupe de Spécialistes des hippopotames de l'UICN. Ainsi dans l'annexe 4 du rapport de ce groupe, il en ressort que les hippopotames sont repartis dans 36 pays actuellement en Afrique. La Zambie et la Tanzanie détiennent les records de ces effectifs avec respectivement 40.000 et 30.000 individus tandis que la Somalie et la Gambie possèdent de faibles populations soit moins de 50 et 40 individus respectivement. Il ressort également que les inquiétudes sur les populations du pachyderme ont été signalées dans 20 pays. L'état de protection est total dans 22 pays, partiel dans 8 pays et inconnu dans 5 pays. L'hippopotame y est classé comme Vulnérable au Cameroun par l'UICN.

CHAPITRE III : MATERIEL ET METHODE

Le travail s'est articulé autour de trois grands axes : recherche documentaire, interviews et observations directes ou indirectes sur le terrain.

III-1- LES DONNEES SECONDAIRES

Les données issues de la recherche bibliographique ont été recueillies, pour l'essentiel, dans les bibliothèques de l'EFG et du WWF, auprès des services de la Délégation Régionale des Forêts et de la Faune du Nord et aussi, sur Internet. Il a été question également de consulter les résultats de recherches (publications scientifiques, thèses, mémoires, rapports divers) sur la biologie et la dynamique de l'hippopotame ainsi que sur les méthodes et instruments d'analyse des données d'une telle étude.

III-2- LES DONNEES PRIMAIRES

Le dénombrement quantitatif a pour objectif de recenser les animaux vivants dans une aire donnée. Pour ce qui est du travail d'inventaire, il s'est fait dans les cours d'eau qui arrosent le PNB au Cameroun. Ce dénombrement s'est effectué en début de saison de pluies, ce qui a représenté quelquefois, une difficulté majeure du fait des crues des cours d'eaux par endroits, d'où l'immersion des hippopotames. La méthode de comptage utilisée est celle du comptage à pied le long du cours d'eau (Ngog Njé, 1988).

S'agissant des enquêtes, ces données ont été faites à l'aide de questionnaires administrés à des personnes ressources du MINFOF et les habitants des villages périphériques au PNB et ses environs. Les villages choisis sont ceux qui rencontrent le plus de difficultés dans la cohabitation avec les hippopotames. Le facteur temps ne nous ayant pas permis de sillonner la totalité des villages se situant à la périphérie du PNB.

III-3- METHODE DE COMPTAGE ET COLLECTE DES DONNEES

III-3-1- Tracé du parcours

Pour mener à bien cette étude, nous avons divisé le cours d'eau en deux secteurs à savoir : le secteur Nord et le secteur Sud, en considérant le campement du Buffle Noir comme point d'origine. Le secteur Sud couvrait la zone du campement du Buffle Noir jusqu'à la zone d'intérêt cynégétique 2. Le secteur Nord quant lui couvrait la zone allant du Grand Capitaine (ZIC 9) au campement du buffle noir. Soit une distance de 94,5 km à vol d'oiseau. Quant aux observations, elles avaient lieu dans la journée (entre 7h et 18h30).

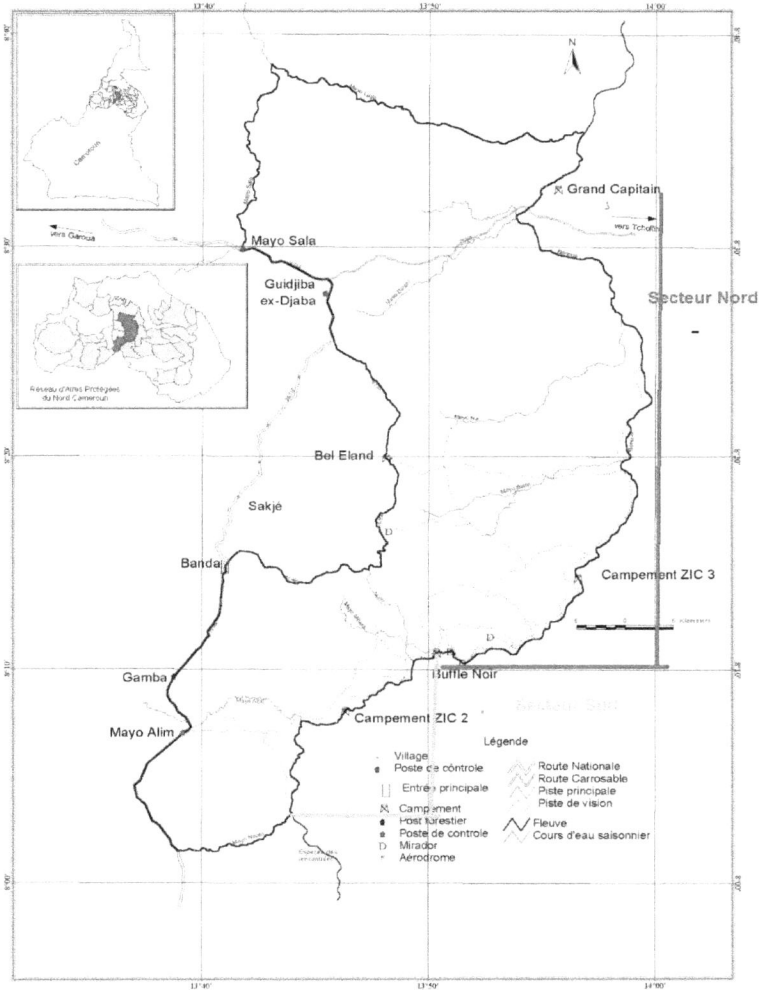

Carte 4 : Localisation de la zone d'inventaire

L'équipe d'inventaire était composée d'un pisteur qui nous servait de guide, d'un releveur chargé de noter les informations indispensables au travail, d'un garde-chasse pour assurer la sécurité du groupe et du matériel, d'un assistant botaniste formé par le WWF pour le recensement des espèces végétales consommées par les hippopotames, les espèces végétales caractéristiques des différents habitats.

Photo 6: Vue d'une station d'observation d'hippopotames au PNB

III-3-2- Données sur les paramètres biologiques

La détermination du sex-ratio s'est faite en fonction de la position de l'individu par rapport au groupe et la forme de la tête (celle de la femelle étant plus petite, voire étroite comparée à la tête du mâle). La forme de la tête d'un hippopotame mâle est plus large que celle d'une femelle, et en plus, le bruit émis par un mâle est plus aigu que celui des femelles L'expérience des gardes qui nous accompagnaient nous été très utile également.

Pour obtenir les données sur la taille, la structure des troupeaux, nous avons compté les animaux proches ou éloignés à partir de la rive. Les dénombrements se faisaient chaque fois qu'un individu ou groupe d'individus était aperçu. Le temps minimal d'observation était en moyenne de 20 minutes près de la mare (le temps d'arrêt était fonction de la taille du groupe). La position des différents individus dans le troupeau constituait un indicateur important dans la détermination des classes d'âges. Tout comme Dibloni *et al* (2010), l'épaisseur de la tête a été le principal critère de distinction des adultes et des sub-adultes. Les juvéniles eux ont été identifiés grâce à leur comportement (à proximité ou sur le dos de leur mère). Sur nos fiches, nous avons noté l'heure d'observation, l'effectif, le sexe et la classe d'âge approximative.

III-3-3-Données sur le régime alimentaire

Les espèces appétées par les hippopotames ont été recensées sur la base des observations indirectes à partir des gagnages et des empreintes laissées. Pour ce faire, nous avons suivi les pistes empruntées par les hippopotames et délimiter les sites où les signes de paissage étaient observés. À partir de ces observations, les espèces étaient recensées et reparties en familles et types biologiques. Les différents types de formations végétales recensées ont été analysées grace à « R » (avec la librairie « *ade 4* ») afin d'obtenir des données relatives à la variation et la variabilité du régime alimentaire des hippopotames.

III-3-4-Données sur les menaces

Pour avoir les données sur les menaces, nous avons identifié les indicateurs de présence humaine à savoir les campements des braconniers, les pistes de transhumance, les munitions, les pièges, les traces de feux, les coupes arbustives et les trophées. Dans le même sens, des entretiens ont été menés auprès des responsables en charge de la conservation du PNB (personnes ressources) pour disposer des données sur les menaces qui emboitent le pas à l'évolution de la population d'hippopotame.

L'équipe chargée des enquêtes était constituée d'un chauffeur, du Chef de poste Forestier de la zone de Lagdo et de 4 enquêteurs. Pour obtenir les informations sur les contraintes à l'évolution de la faune et de l'hippopotame en particulier, nous nous sommes entretenus avec les agents en charge de la conservation à savoir les éco gardes, les gardes, le conservateur du PNB, le Sous-Prefet de Lagdo, le Chef de Poste forestier, le Délégué Régional des Forets et de la Faune ainsi que le Chef de Service Faune à la Délégation MINFOF Nord.

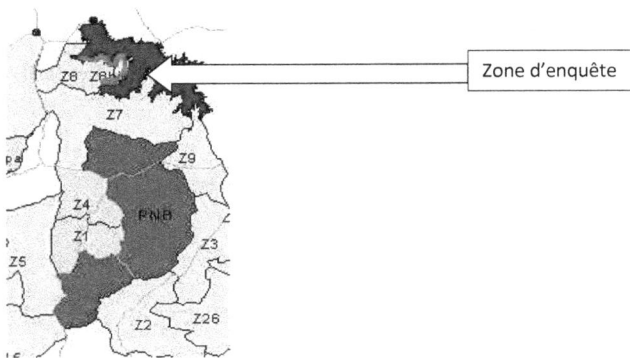

Carte 5 : Localisation de la zone d'enquête

Les données récoltées ont été analysées en utilisant les statistiques descriptives. Par ailleurs, l'indice kilométrique d'Abondance (IKA) a été utilisé pour estimer la densité linéaire des hippopotames et des autres espèces animales liées aux galeries forestières, étant donné que des mesures de distances perpendiculaires n'ont pas été considérées. L'IKA permet ainsi d'avoir une idée de la tendance évolutive des espèces rencontrées. Il est donné par l'équation mathématique (1) ci-après :

$$\text{(1)} \quad IKA= \frac{\text{Nombre de contacts avec l'espèce}}{\text{Distance totale parcourue en km}}$$

Par ailleurs, la densité des hippopotames par unité de surface de pâturage a été estimée en utilisant l'équation mathématique (2) définie par Olivier et Laurie (1974).

$$\text{(2) Densité des hippopotames} = \frac{\text{Nombre de contacts avec l'espèce}}{L \times \text{Distance totale parcourue en km}}$$

L étant la largeur totale en km du domaine vital des hippopotames estimée à 3 km (soit 1,5 km en moyenne de chaque côté du cours d'eau par Olivier et Laurie (1974).

III-4- MATERIELS

Le matériel utilisé pour le dénombrement et les enquêtes était constitué de :
- Un véhicule 4*4 pour les déplacements dans la zone d'étude
- Deux boussoles pour la navigation ;
- Un GPS pour les prises de position ;
- Deux motocyclettes utilisées pour les déplacements de longue distance sur les pistes praticables ;
- Fiches de collecte des données ;
- Une paire de jumelles afin de favoriser les observations lointaines;

III-5- ANALYSE DES DONNEES

Les données obtenues durant ce travail ont été analysées grâce au tableur Excel (en ce qui est des moyennes, fréquences) pour l'obtention des différents graphiques et aussi avec l'aide du logiciel « R » pour l'analyse des données sur le régime alimentaire. Les différentes cartes ont pu être faites grâce au logiciel Arcview. Les fiches d'enquêtes ont été dépouillées manuellement et analysées sur Excel.

CHAPITRE IV : RESULTATS ET ANALYSE

IV-1- RESULTATS D'INVENTAIRE

IV-1-1- Distance parcourue

Notre zone d'étude couvrant le secteur Sud (qui va du campement du Buffle Noir à la ZIC 2) jusqu'au secteur Nord (qui va du Grand Capitaine (ZIC 9) au campement du Buffle Noir) a été estimée à 94,5 km à vol d'oiseau. Du fait des détours et des rebroussements de chemins du secteur Sud pour repartir vers le secteur Nord, la distance réelle parcourue est de l'ordre de 130km en 11 jours. Ceci nous a permis de longer tout le fleuve Bénoué traversant le PNB. L'inventaire ici ne concernait que les hippopotames du parc. Notons néanmoins la présence d'hippopotames dans tout le lit du fleuve Bénoué, aussi bien dans le parc que dans les zones adjacentes à ce dernier.

IV-1-2- Distribution des hippopotames

IV-1-2-1- Effectif

L'inventaire le long des cours d'eau nous a permis de dénombrer la population d'hippopotames présente dans le parc. Il a ainsi été relevé un total de **180** individus. Chiffre qui présente une disparité avec les études menées précédemment dans la zone.

IV-1-2-2- Répartition par groupes

Nous entendons par groupes d'hippopotames l'ensemble des hippopotames observés en un point précis du cours d'eau. Nos observations y relatives s'illustrent dans le graphique ci-après :

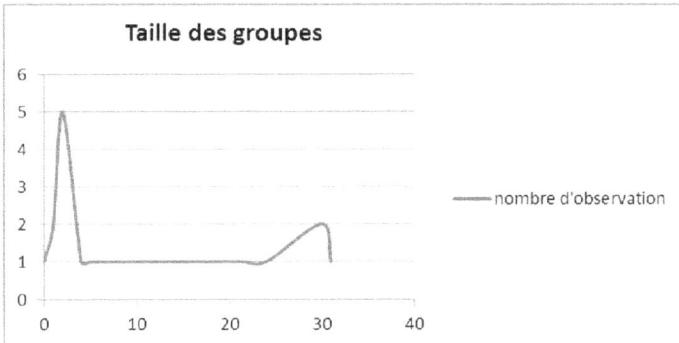

Graphique 1: Répartition des hippopotames par groupes sociaux au PNB

Il ressort de ce graphique que les groupes binaires sont les plus observés, suivis des solitaires puis des groupes de 30 individus. Ngog Njé quant à lui a obtenu une majorité de solitaires suivis des binaires.

La littérature catégorise les mares en fonction de la taille des groupes. Il en ressort :

- des mares à faible concentration d'hippopotames (1-7 individus)
- des mares à concentration moyenne (8-16 individus) et
- des mares à forte concentration (17-31 individus).
- et des mares à très forte concentration (+ de 31 individus)

S'appuyant sur ces données, nous obtenons une proportion de 64,70% de mares à faible concentration. Nos travaux corroborent avec ceux de Ngog Njié avec 59,7% .Suivent les mares à forte concentration (29,41%) et enfin les mares à concentration moyenne (5,88%).Il semble exister une corrélation négative entre la taille des groupes et le niveau d'eau du fleuve. Des chiffres quasiment identiques ont été relevés au PNF.

A partir des points GPS obtenus, nous avons pu illustrer la répartition des hippopotames par taille de groupes tout le long du fleuve Bénoué. La carte ci-après a ainsi pu être dressée :

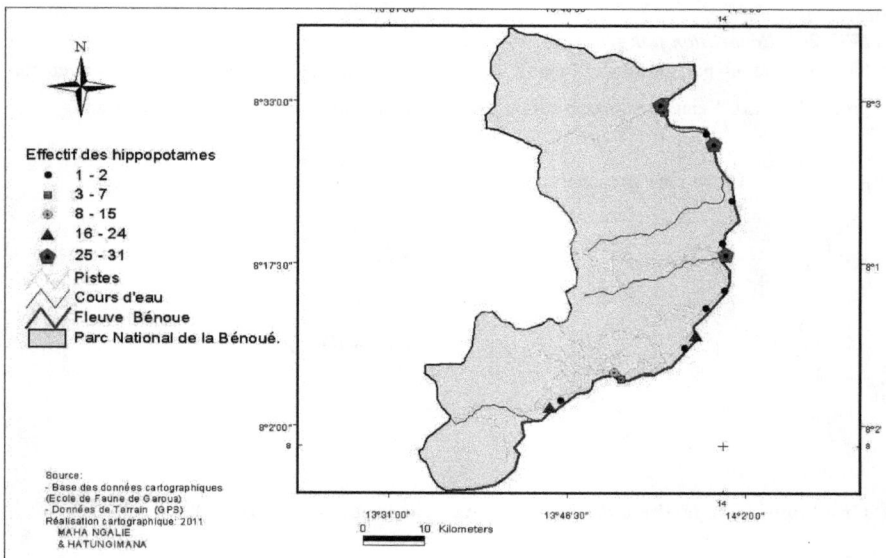

Carte 6: Répartition des hippopotames par taille de groupes le long du fleuve Bénoué (PNB)

Nous constatons que les grands groupes sont beaucoup plus concentrés dans le secteur Nord de notre zone d'étude. Le secteur Sud quant à lui ne renferme que des groupes à faible concentration et un groupe à concentration moyenne.

IV-1-2-3- Structure des populations

D'après Ngog Njé (1988), l'étude de la structure tant sociale que démographique des hippopotames n'est souvent pas facile à cause du caractère amphibie de l'espèce et de l'obligation de se livrer à des exercices réguliers d'immersion et d'émersion pour satisfaire ses besoins physiologiques, notamment en oxygène. Dans le cas de la Bénoué, on peut parfois rencontrer des groupes sur les bancs de sable.

- Structure d'âge

Photo 7: Groupe d'hippopotames dans la Bénoué (MAHA)

Pour déterminer la structure des groupes, il n'est pas très évident pour les observateurs de dégager des données très fiables sur la structure d'âge et de sexe des hippopotames. Néanmoins, cette étude a tenté l'expérience de relever la structure d'âge et de sexe le long des différents cours d'eau parcourus. L'essentiel de nos observations en ce qui concerne la structure d'âge et de sexe est recensé dans le tableau suivant :

Tableau 2 : Répartition des hippopotames par classe d'âge (MAHA)

Adulte						Sub adulte						Juvénile		Total
Mâle		Femelle		Indéterminé		Mâle		Femelle		Indéterminé				
n	%	n	%	n	%	n	%	n	%	n	%	n	%	
26	14,44	51	28,33	2	1,11	6	3,33	46	25,56	1	0,56	48	26,67	180

Il ressort du tableau que la population du pachyderme est constituée en majorité d'adultes dont 14,44% de mâles contre 51% de femelles. Résultats similaires à ceux trouvés par Zibrine (2000) au PNB (10% et 51%). Les sub- adultes constituent environ 29% de notre population (dont 25,56% de femelles). Il est a noté le grand écart existant entre le nombre de sub-adultes femelles et les males. Zibrine (2010) n'a trouvé que de femelles pour cette classe d'âge. Les juvéniles quant à eux représentent 26,67%. Ces divergences montrent que la population d'hippopotames dans le parc n'est pas stable.

- *Structure par sexe*

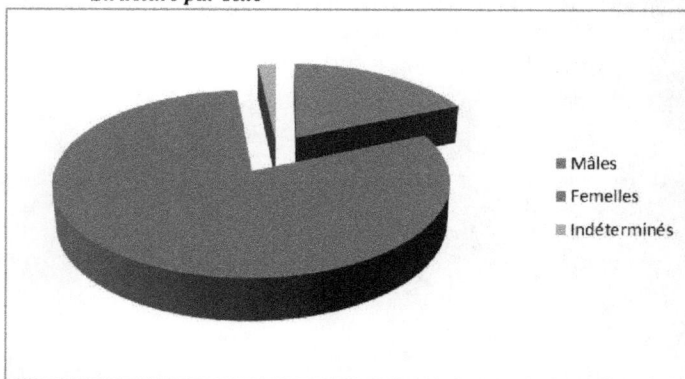

Diagramme1: Structure des hippopotames par sexe

- *Sex-ratio*

Le dimorphisme sexuel des hippopotames n'est pas évident sur le terrain. Les deux mamelles inguinales sont souvent difficiles à distinguer, même chez les femelles allaitantes. On note l'absence du scrotum chez le mâle, les testicules étant logés sous la peau de l'abdomen. On observe une prédominance des femelles sur les mâles aussi bien au niveau des adultes que des sub-adultes telle que montré dans le diagramme ci-dessous. Le sexe ratio a été estimé à 1:4 (un mâle pour 4 femelles).

IV-1-2-4- Calcul des paramètres statistiques

Tableau 3: Paramètres statistiques calculés (MAHA)

Moyenne	Variance	Ecart-type	Erreur standard	Intervalle de confiance	Limite de confiance sup	Limite de confiance inf
11,25	139,6666667	81806527	2,954516317	5,179267103 à 90%	14,20451632	8,295483683

Des grandeurs statistiques calculées, il ressort que la moyenne des hippopotames par mare (11,25 individus) varie autour de 14,20 individus par mare (limite supérieure) et 8,29 individus/mare (limite inférieure) dont l'erreur standard est de 2,95 à 90% de précision. Il ressort également que la dispersion autour de la moyenne (variance) est grande, soit 139,66. Cette grande fluctuation des valeurs autour de la moyenne s'explique par le fait qu'on retrouve en majorité des mares à faible concentration (1 – 7 individus) que des mares à forte concentration (17 – 31 individus) et mares à concentration moyenne (8 – 16 individus).

IV-1-2-5- Diversité des espèces animales observées
Tout au long de notre inventaire, nous avons recensé les espèces animales rencontrées le long du fleuve. La liste ci-après a pu être dressée :

Tableau 4: Liste des espèces rencontrées le long du fleuve (PNB, MAHA)

Espèces	Effectif total le long de la Bénoué	Densité/km du parcours total (94,6km)	% par rapport à la population animale observée
Cobe de Buffon	34	0,359408034	12,40875912
Ourebi	4	0,042283298	1,459854015
Crocodile	4	0,042283298	1,459854015
Colobe guereza	9	0,095137421	3,284671533
Cephalophe de Grimm	7	0,073995772	2,554744526
Singe vert	6	0,063424947	2,189781022
Cephalophe à flanc roux	2	0,021141649	0,729927007
Guib harnaché	3	0,031712474	1,094890511
Varan	3	0,031712474	1,094890511
Buffle	17	0,179704017	6,204379562
Cobe de roseau	1	0,010570825	0,364963504
Phacochère	2	0,021141649	0,729927007
Bubale	2	0,021141649	0,729927007
Hippopotame	180	1,902748414	65,69343066
	274		100

Le calcul a pris en compte la distance totale de tous les cours d'eau parcourus et dans un second temps, le calcul de densité linéaire a concerné uniquement la distance totale du cours d'eau où les hippopotames ont été effectivement observés La population d'hippopotames semble peu négligeable (65,67%), suivis des cobes de Buffon et des buffles. Les autres espèces animales ont été rencontrées de manière sporadique. La liste ne saurait être exhaustive car la plupart de ces espèces longeait le fleuve juste pour s'abreuver.

IV-1-2-6- Indices des activités humaines
Les principales activités humaines recensées dans le PNB sont consignées dans le Tableau 6 ; il ressort de ce tableau que la présence de l'Homme est très marquée dans le PNB. Les activités qui y sont menées sont : le braconnage ; l'orpaillage et la transhumance.

Tableau 5: Fréquence d'observation des activités anthropiques au PNB (MAHA)

Activité	Nombre d'observations	Fréquence
Orpaillage	10	30,3030303
Braconnage	15	45,45454545
Transhumance	8	24,24242424
Total	33	

Ces activités sont menées à des degrés différents. Le braconnage (30,30%) est l'activité anthropique menée avec une plus grande fréquence, suivi de l'orpaillage (45,45%) et enfin, de la transhumance (24,24%).

IV-1-2-7- Régime alimentaire
L'alimentation est un aspect important de la survie de toute espèce. L'hippopotame possède une grande diversité de choix pour se nourrir. Nous avons pu recenser 50 espèces végétales appétées par l'hippopotame (voir annexe 1).

- Localisation des différentes formations végétales du PNB
En fonction des aires de pâturages recensées dans le parc, nous avons pu caractériser les différentes formations végétales (16 au total) et sont :

Tableau 6: Formations végétales abritant les pâturages d'hippopotames dans le PNB(MAHA)

Formation végétale	Type
R 1	Savane herbeuse à prédominance *Andropogon gayanus*
R 2	Savane herbeuse à prédominance *Andropogon tectorum*
R3	Galerie forestière à prédominance *Pennisetum purpureum*
R 4	Galerie forestière à prédominance *Anogeissus leiocarpus*
R 6	Galerie forestière à prédominance *Acacia polyancatha*
R 7	Savane arbustive à *Terminalia laxiflora*
R 8	Savane herbeuse à *Andropogon spp*
R 10	Savane herbeuse à *Hyparrhenia rufa*
R11	Type non défini
R 12	Savane herbeuse à *Cymbopogon giganteus* et *Imperata cylindrica*
R 13	Savane arbustive à *Cassia mimosoides*
R 14	Savane herbeuse à *Andropogon tectorum* et à *Pennisetum unicetum*
R 15	Savane herbeuse à *Scleria gracillima* et *Andropogon tectorum*
R 16	Savane herbeuse à *Pennisetum unicetum* et *Hyparrhenia involucrata*
R 17	Savane herbeuse à *Eragrostis aspera*
R 18	Savane arbustive à *Andropogon tectorum* et *Hyparrhenia involucrata*

Ces formations ont pu être localisées sur la carte 7 :

LOCALISATION DES FORMATIONS VEGETALES

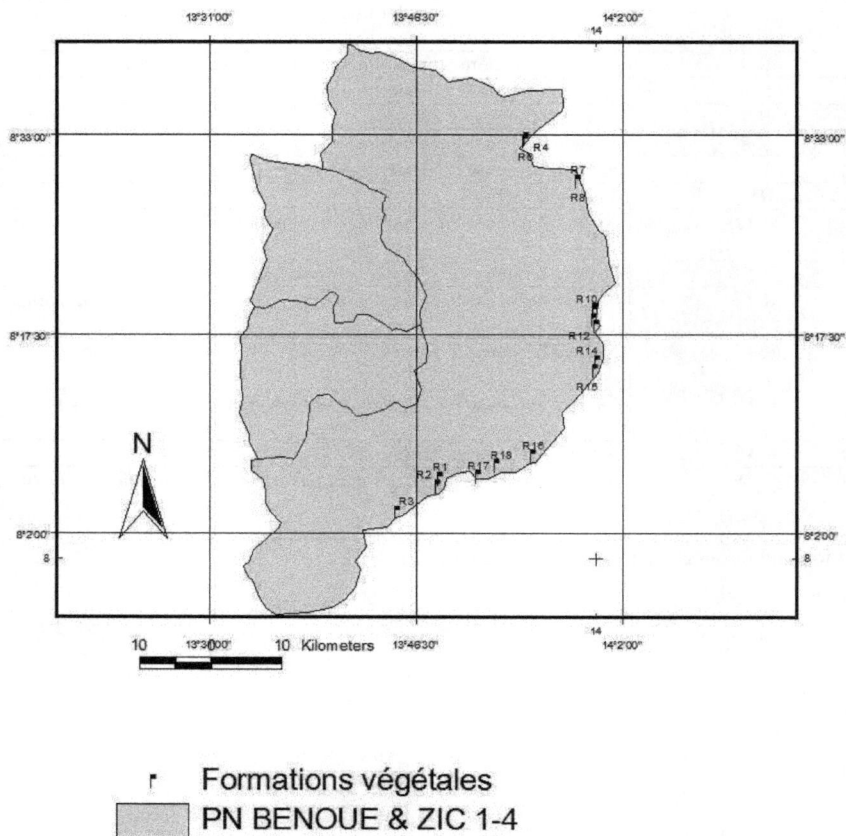

r Formations végétales

PN BENOUE & ZIC 1-4

Source: Travaux de terrain
Réalisation cartographique:
MAHA & HATE 2011

Carte 7: Localisation des formations végétales dans le PNB

- Les indices de diversité

Les différents indices de diversité actuellement utilisés permettent d'étudier la structure des peuplements en faisant référence ou non à un cadre spatio-temporel concret. Ils permettent d'avoir rapidement, en un seul chiffre, une évaluation de la biodiversité du peuplement.

- Indice de Shannon-Weaver et Indice de Piélou

L'indice de diversité considéré ici est celui qui est le plus couramment utilisé dans la littérature, il est basé sur :

H' = - Σ ((Ni / N) * log2(Ni / N))

Ni : nombre d'individus d'une espèce donnée, i allant de 1 à S (nombre total d'espèces).

N : nombre total d'individus.

H' est minimal (=0) si tous les individus du peuplement appartiennent à une seule et même espèce, H' est également minimal si, dans un peuplement chaque espèce est représentée par un seul individu, excepté une espèce qui est représentée par tous les autres individus du peuplement. L'indice est maximal quand tous les individus sont répartis d'une façon égale sur toutes les espèces (Frontier, 1983). Dans notre cas il a été estimé à 0,031.

L'indice de Shannon est souvent accompagné de l'indice d'équitabilité J de Piélou (1966), appelé également indice d'équi-répartition (Blondel, 1979), qui représente le rapport de H' à l'indice maximal théorique dans le peuplement (Hmax). Cet indice peut varier de 0 à 1, il est maximal quand les espèces ont des abondances identiques dans le peuplement et il est minimal quand une seule espèce domine tout le peuplement. Insensible à la richesse spécifique, il est très utile pour comparer les dominances potentielles entre stations ou entre dates d'échantillonnage.

La littérature considère le régime comme diversifié si H'= 4,5 et moins diversifié si H'< 4,5. La valeur obtenue dans cette étude est de **5,26**. D'où un régime alimentaire très diversifiée pour la population d'hippopotames au sein du PNB. Relatif aux préférences alimentaires, le tableau ci-dessus montre que les hippopotames consomment presque tout ce qui considéré comme graminée. Cette gamme variée d'espèces végétales appétées est corroborée par l'indice d'équitabilité de Piélou (**R= 0,031**) obtenue renforce cette hypothèse, car elle est maximale du point de Blondel cité par Grall (2003).

- Analyse en ACP des espèces consommées par les hippopotames

L'Analyse en Composantes Principales (ACP) est une méthode d'analyse des données et plus généralement de la statistique multivariée, qui consiste à transformer des variables liées entre elles (corrélées) en nouvelles variables détachées les unes des autres. Ces nouvelles variables sont nommées "composantes principales", ou axes. Chacune des formations végétales recensées plus haut est caractérisé par une structure, une diversité et une richesse floristique qui lui sont propres. L'analyse en ACP permet de faire ressortir ces singularités. Ainsi, à partir de nos différentes formations, cette analyse nous a donné en fonction des 16 axes déterminés, les données suivantes:

Tableau 7 : Particularités des formations végétales (MAHA)

	Standard deviation	Proportion of Variance	Cumulative Proportion
PC1	1.4687	0.1544	0.1544
PC2	1.3712	0.1346	0.2890
PC3	1.2631	0.1142	0.4032
PC4	1.1877	0.1010	0.5041
PC5	1.12618	0.09078	0.59493
PC6	0.98076	0.06885	0.66379
PC7	0.9389	0.0631	0.7269
PC8	0.90750	0.05895	0.78583
PC9	0.84256	0.05081	0.83664
PC10	0.77823	0.04335	0.87999
PC11	0.72387	0.03751	0.91750
PC12	0.64126	0.02943	0.94693
PC13	0.54954	0.02162	0.96855
PC14	0.5364	0.0206	0.9891
PC15	0.38944	0.01086	1.00000
PC16	6.66e-16	0.00e+00	1.00e+00

Il ressort de ce tableau que le milieu n'est pas homogène. La variation de l'écart type en fonction des formations, de même que la dispersion de la variance démontrent une grande variation et variabilité floristique.

Aussi, nous avons essayé de voir le degré de sociabilité des espèces appétées par les hippopotames ; ainsi, après l'inventaire floristique, nous avons décrit et chercher à comprendre les liens fonctionnels entre les communautés d'espèces et le milieu naturel.

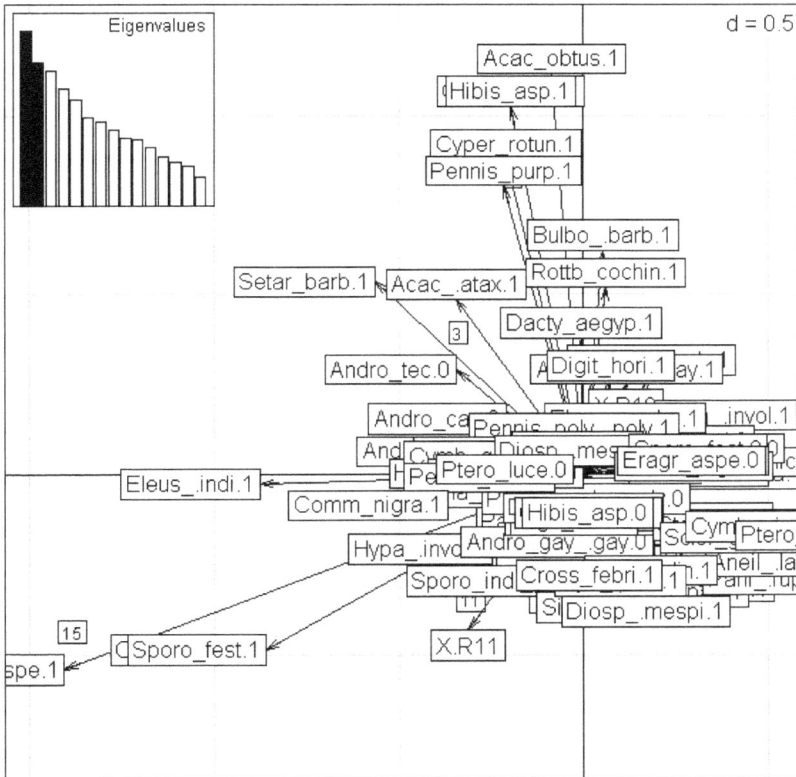

Carte 8 : Sociabilité des espèces appétées par les hippopotames

Il en ressort que la majorité des espèces recensées cohabitent en harmonie. Par contre, des espèces telles *Acacia obtusifolia, Pennisetum purpureum, Cyperus rotundus et Hibiscus asper* partagent le même milieu. Ces mêmes espèces par contre n'ont pas de liens de sociabilité avec et *Sporobolus festivus.*

L'analyse de la structure de la diversité a également permis d'obtenir les pourcentages de variances simples et cumulées ainsi que les racines carrées des valeurs propres. Nous avons ainsi pu projeter la proportion des ACP afin d'obtenir l'histogramme 4.

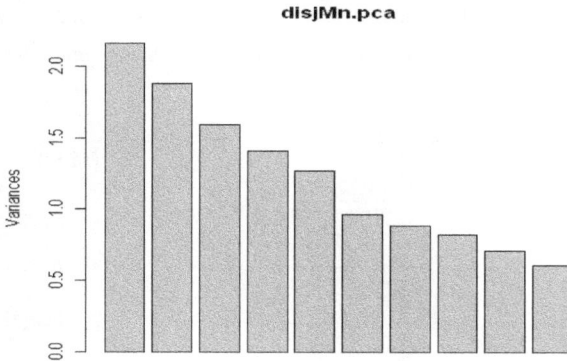

Histogramme 3 : Structure de la diversité floristique dans le PNB

IV-2- RESULTATS DES ENQUETES SUR LE STATUT DE L'HIPPOPOTAME DANS LE PNB ET SA PERIPHERIE

Suite au dénombrement de la population fait en amont de ce travail, nous avons voulu chercher la cause de cette baisse du nombre d'hippopotames au PNB à travers des enquêtes dans sa périphérie. Il a été question pour nous de rencontrer aussi bien les autorités administratives que les populations riveraines qui côtoient fréquemment l'espèce cible.

IV-2-1- Perception et intérêt des hippopotames par les populations humaines

Pour ce faire, nous avons eu, grâce aux autorités administratives, à choisir les populations qui subissaient le plus de conflits avec les hippopotames. Ainsi, nous avons fait nos enquêtes à : KABAWA, OURO-KESSOUM et BOULEL 1. Il est à noter que ces villages sont tous situés aux environs de la ZIC 8 et à proximité du barrage hydroélectrique de Lagdo. Nous avons sélectionné un panel de 100 personnes pour y répondre.

Les populations habitant cette zone périphérique semblent être toutes au courant du statut légal de l'hippopotame dans la zone. 98% savent cette espèce intégralement protégée. La preuve en est que lorsqu'un problème se pose avec les hippopotames, ils ne prennent pas d'initiatives sans avoir rencontré les autorités compétentes en la matière. S'agissant de l'intérêt que peut porter l'animal pour les populations, un seul individu a reconnu l'importance de toute espèce dans la chaine alimentaire. 93% ne lui trouve aucun intérêt et 6% n'ont pas d'avis à ce sujet. Ceci sous-entend que ces individus respectent la loi, non pas parce qu'elle leur semble bonne, mais juste pour éviter les sanctions qui vont du paiement d'une forte amende en cas d'abattage d'hippopotames, voire d'un emprisonnement ferme.

IV-2-2- Caractérisation des rapports hommes-hippopotames

Les rapports entre l'Homme et l'hippopotame sont surtout conflictuels. Il en résulte des :

- Dégâts humains ;
- Dégâts matériels

- Dégâts humains

Ils sont très nombreux. A Ouro-kessoum et Kabawa, nous avons noté 3 décès en 3 ans. Les attaques semblent s'intensifier avec le temps. Dans la zone de Boulel 1, en 30 ans, il a été dénombré 25 morts de suite d'attaques des hippopotames. Il a été constaté que ces animaux attaquent quasiment de la même manière. L'hippopotame reste immergé et, au passage de pirogues de pêcheurs (principale activité dans la zone), les renverse et prennent les Hommes en chasse. Dans le cas de M. Ndjidda, la bataille a duré 3 heures dans l'eau, l'hippopotame tenant absolument à lui broyer la tête. Quant au second cas , il reste traumatisé depuis son attaque il y'a quelques mois et n'a plus jamais pu emprunter une pirogue pour ses déplacements.

- Dégâts matériels

Ceux-ci concernent principalement les champs agricoles. Les hippopotames semblent avoir des spéculations très appréciées.

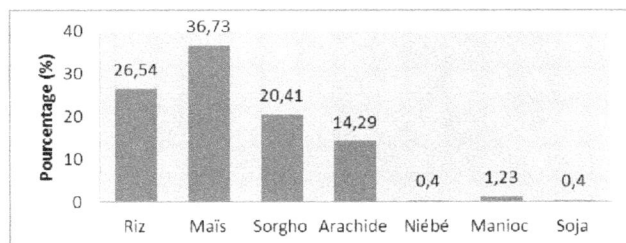

Histogramme 3: Cultures dévastées par les hippopotames

Le maïs est le plus appété des cultures avec 36,73% de préférence contre 26,54 pour le riz. Ensuite suivent le sorgho et l'arachide. A moindre importance, les parcelles de niébé, manioc et soja sont aussi dévastées. Les superficies des précédentes spéculations ne sont pas proportionnelles aux surfaces dévastées tel que le montre le tableau ci-après :

Tableau 8 : Superficie des cultures dévastées par les hippopotames

Culture	Superficie (ha)	%
Riz	44	47,82
Maïs	30	32,60
Sorgho	10	10,87
Arachide	6	06,53
Niébé	1	1,08
Manioc	0,75	0,82
Soja	0,25	0,28

Pour obtenir ces chiffres, nous avons recensé les agriculteurs qui ont été victimes des hippopotames durant la dernière saison agricole. La culture qui subit une dévastation plus intense est le riz (44 ha), suivie du maïs (30 ha) et ensuite du sorgho. Arachide, niébé, manioc et soja ont un moindre pourcentage dû surement au fait que lors des cultures, ils n'occupent pas de grandes superficies et sont fait en association avec les premières sus-citées.

Ces fréquentes dévastations peuvent être expliquées par la proximité des villages et des champs qui se trouvent le plus souvent sur l'aire de pâturage des hippopotames. Dans cette zone à prédominance de pécheurs, les cases sont localisées à une distance infime des bordures du fleuve.

Photo 8 : Illustration de la proximité des habitations avec le fleuve

Dans la zone de Boulel qui rencontre le plus de problèmes dans la cohabitation avec les hippopotames, les habitations ne sont pas à plus de 10 mètres des berges du fleuve.

IV-2-3- *Période de dégâts*

A l'unanimité dans les villages, il a été dit que la période où les cultures sont le plus dévastées par l'hippopotame est la saison sèche. En effet, lors de la saison sèche, les animaux vont plus en profondeur pour la recherche du pâturage. D'où de fréquentes rencontres avec l'Homme, même pour celui qui habite loin du fleuve.

IV-2-4- *Moyens de protection des cultures*

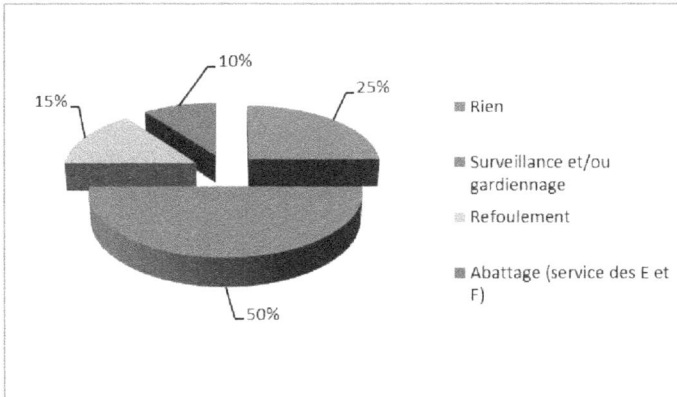

Diagramme 2 : Moyens de protection des cultures

Pour la plupart des habitants de la zone, le meilleur moyen pour protéger les cultures reste la surveillance des parcelles (50%). Pour 25%, il n'y a rien à faire face à ces attaques vues les moyens de défense vétustes qu'ils possèdent. 15% pratiquent le refoulement face aux attaques des hippopotames. Quant au reste des enquêtés (10%), c'est le devoir du service des Eaux et Forêts.

En effet, ce service intervient très souvent face aux attaques répétitives des hippopotames ces dernières années. Il y'a quelques semaines de cela, dans la zone de Kabawa, un de ces animaux a été abattu après avoir occasionné d'énormes pertes matérielles.

Photo 9: (a) Hippopotame abattu par les autorités   (b) crane de l'animal en cours de décomposition

Bien que pratiquant ces méthodes de refoulement, les populations croient en leur efficacité à 50% seulement. 45% ne les juge pas utiles vue que les attaques ne baissent pratiquement pas.

IV-2-5- *Tendance évolutive de la population d'hippopotames*

A la question de savoir quel est leur point de vue sur cette tendance évolutive, il en ressort le graphique suivant :

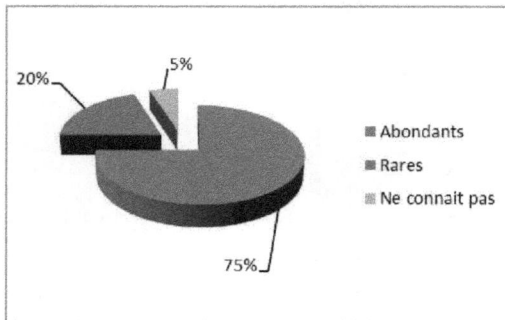

Diagramme 3: Perception par les populations de la tendance évolutive du nombre d'hippopotames

75% des enquêtés pensent que la population est plus abondante qu'autrefois ; 25% par contre pensent qu'elle se raréfie et 5% ne donne pas d'avis sur le sujet. Les raisons de cette croissance de la population semble être due :

- Aux migrations occasionnées par le braconnage en amont du fleuve
- Aux naissances
- A la tranquillité dans leur nouveau site (Lagdo) contrairement aux autres zones
- Présence de cultures très appétées par les hippopotames

IV-3- DISCUSSION DES RESULTATS

IV-3-1- Evolution de l'effectif des hippopotames dans le PNB
La présente étude a permis de dénombrer 180 hippopotames vivant dans le parc. L'inventaire a relevé une baisse du nombre d'hippopotames dans le PNB durant la dernière décennie.

Tableau 9: Variations de l'effectif des Hippopotames au cours du temps

Auteur	Stark *et al*	Ngog Njie	Zibrine *et al*	Maha
Année	1975	1988	1999	2011
Effectif	325	400	350	180

Le tableau ci-dessus montre que de 1975 à 1988, la population d'hippopotames a accru d'environ 9% dans le PNB. Ensuite la décennie qui a suivi a vu cette population diminuer de 12,5%. Cette baisse s'est poursuivie de manière drastique en l'espace de 13 ans (période pendant laquelle aucune autre étude n'a été menée sur les hippopotames dans le parc). Baisse estimée à un peu plus de 48%. Cette baisse du nombre d'hippopotames dans le PNB peut s'expliquer par l'installation des orpailleurs tout le long du fleuve Bénoué traversant le parc. Il se pourrait que pour la subsistance, ces orpailleurs chassent l'hippopotame pour sa viande qui serait, selon les populations riveraines, succulente. Aussi, l'arrivée des orpailleurs a coïncidé avec la hausse du braconnage de dents d'hippopotames dans la zone. La preuve est la présence au sein du parc de carcasses d'hippopotames. Une autre explication pourrait être que les hippopotames auraient migré vers des zones où ils subiraient moins d'attaques de l'Homme. C'est le cas de la zone 8 proche du barrage hydroélectrique de Lagdo qui, selon les populations, est sujette à une invasion d'hippopotames (d'où la nécessite de faire un recensement exhaustif tout le long du fleuve). Cette relative stabilité des hippopotames dans le parc doit être confirmée par une série d'inventaires successifs afin de pouvoir déterminer la cause principale de la baisse de cette population.

IV-3-2- Variation de la répartition des hippopotames
S'agissant de la répartition des hippopotames par classe d'âge, Lotka (1924) a montré l'existence d'une distribution en âge stable pour une population donnée, si les paramètres démographiques (survie et fécondité) ne changent pas. Cette distribution est définie en termes de proportions relatives des effectifs des différentes classes d'âge les unes par rapport aux autres, quel que soit l'effectif total de la population. On dit que la structure en âge est stable lorsque ces proportions relatives ne varient pas d'une année sur l'autre, que l'effectif total varie ou non. La pérennité de l'espèce pourrait être hypothéquée si des raisons à cette situation ne sont pas trouvées.

Quant à la répartition des hippopotames par groupes sociaux, elle peut s'expliquer par le fait que la distribution générale des hippopotames est influencée par la disponibilité en eau. Les grands groupes sont en effet localisés dans les grandes mares et les petits groupes dans les petites mares. L'abondance d'eau serait donc le facteur premier facilitant la dispersion des hippopotames. La différence au niveau de la taille des groupes peut être fonction de la période à laquelle l'étude a été menée. Certes les effectifs en baisse peuvent être la cause de cette divergence au niveau de la taille moyenne. Egalement, les spéculations peuvent aller vers la force de courant. Il a été constaté que plus les courants sont forts, moins les groupes sont importants. En effet, l'hippopotame évite les berges densément boisées, les escarpements rocheux et les eaux à fort courant (Tsague 2004). Aussi, la présence des rochers dans le lit du fleuve semblent expliquer la prépondérance des mares à faible concentration. Selon Zibrine (1999), il existerait un lien entre l'effectif des groupes et l'envergure de la mare. S'agissant de la taille moyenne d'un groupe, elle est de 5,8 individus. Ngog Njé (1988), lui a obtenu 8,2. Zibrine (1999) l'a estimé à 13,11 individus. Zibrine (2000) a obtenu, lors de son étude au PNF, une moyenne de 11. En effet, chaque population possède des caractéristiques qui lui sont propres comme la taille, la densité, la distribution et la structure d'âge. D'où la divergence des grandeurs observées.

Le sex-ratio des hippopotames adultes est difficile à généraliser à différentes populations à cause de la quasi impossibilité d'obtenir un échantillon représentatif. Au Parc national de Kruger (1976), le sex-ratio obtenu est de 1 :1,93. A la vallée de Luangwa, Laws et Clough (1966) ont obtenu, pour les petits échantillons un sex-ratio de 1 :1, et pour les grands échantillons 1 :1,24. Dans notre aire il a été estimé à 1:4 , chiffre qui présente une grande disparité avec les autres auteurs. L'explication à cet écart de données peut rejoindre les constats de Laws et Clough qui ont montré qu'il y'aurait une inéquitable distribution des sexes en fonction de l'habitat. Ainsi, au niveau des petites galeries le sex-ratio est d'environ 3 :1 et 1 :1,37 pour les bordures de lacs et rivages respectivement.

IV-3-3- Particularités du régime alimentaire des hippopotames
Il ressort du tableau sur le régime alimentaire (annexe 1) qu'il est très diversifié avec une cinquantaine d'espèces appétées par les hippopotames. Ces résultats sont proches de ceux trouvés par Dibloni en 2009 dans la RBMH au Burkina qui a recensé près d'une quarantaine d'espèces végétales appétées par les hippopotames. Quant aux espèces consommées, le tableau nous montre qu'Andropogon sp est très appété, suivi de Hyparrhenia involucrata. Andropogon est bien adapté aux régions subtropicales semi-humides ayant une pluviosité de 800 à 1600 mm par an. Il aime les sols sableux, mais peut-être cultivé sur sols argilo sableux ou limoneux même peu fertiles. Il résiste à des périodes de sécheresse dépassant 5 mois. La zone semble donc propice à sa prolifération. Les

andropogon ont une grande valeur alimentaire, d'où leur appréciation par les hippopotames. Le suivi au niveau des pâturages a montré une nette préférence pour les poaceae et les cyperaceae. Des résultats similaires ont été rapportés par Amossou *et al* (*en ligne*). Cet auteur indique que dans le milieu naturel, les poaceae et cyperaceae sont les familles végétales les plus représentées dans l'alimentation des hippopotames. A cette alimentation à préférence pour les herbacées sauvages, s'ajoute une autre pour les herbacées cultivées. Ce régime alimentaire semble correspondre à celui rapporté par BERD (2004), Noirard *et al.* (2006) qui ont montré le rôle et l'importance de la flore herbacée dans le régime alimentaire des hippopotames. Les espèces végétales ont été identifiées dans les crottes et les brouts de *Hippopotamus amphibius tchadiensis* sur le lac de barrage de Bagré au Burkina Faso par Kabré *et* al (2006). Il en ressort que *Echinochloa stagnina, Andropogon pseudapricus, Indigofera hirsuta et Eleusine indica* sont présentes à des proportions plus élevées (que d'autres, dans les crottes. Pour cet auteur, ceci pourrait s'expliquer d'une part par la facilité d'identification des fragments (notamment racines et tiges) dans les crottes et d'autre part par la saison d'échantillonnage (saison pluvieuse) qui est très favorable au pâturage à *Echinochloa stagnina*. Enfin la préférence très élevée (indice de préférence 90,2 %) pour cette espèce justifierait la dominance de ces fragments dans les crottes.

Il a été également constaté au PNB, que les grands groupes sociaux d'hippopotames sont localisés dans : les galéries forestières à prédominance *d'Anogeissus leocarpus* et les savanes herbeuses à *Andropogon spp* et *Hyparrhenia rufa.*

IV-3-4- Structure de la végétation
Les formations végétales renfermant les pâturages pour hippopotames ont été recensées parmi lesquelles : les savanes herbeuses, les savanes arbustives et des galeries forestières. Dibloni *et al* (2010) ont répertorié les pâturages pour hippopotames dans la zone Sud-soudanienne du Burkina Faso qui sont :
- le pâturage constitué de *Andropogon spp* et *Schizachyrium sanguineum*
- le pâturage à *Vetiveria nigritana* et *Sporobolus pyramidalis,*
- le pâturage à dominance de *Leersia hexandra* et
- le pâturage à *Cissampelos mucronata*

L'analyse des composantes principales du régime alimentaire nous donne, par différents axes, des écarts type évolutifs. Ce qui démontre que chaque formation végétale présente des particularités. D'où une diversité dispersée sur l'ensemble de la zone et confirmée par la forme en J de l'histogramme sur la structure de la diversité floristique. Le maximum de la diversité (1) est atteint après avoir parcouru l'ensemble des relevés (16).

Au niveau de la sociabilité entre les différentes espèces végétales au sein des formations recensées, celles-ci semblent cohabiter facilement.

IV-3-5- Impact des activités anthropiques

IV-3-5-1- L'orpaillage

L'orpaillage est une activité réelle et incontournable dans le parc; il constitue le poumon de l'économie des populations locales. Cette importance tient également au fait que l'orpaillage est la seule activité qui draine les migrants dans la zone. Tout le cours amont du fleuve est truffé des trous d'orpaillage. Ces trous constituent des pièges involontaires pour bien d'animaux liés à l'eau notamment les hippopotames. En dépit des contrôles sporadiques du service de la conservation du PNB, l'activité de recherche d'or dans le lit de la Bénoué ne cesse de prendre de l'ampleur au regard du nombre croissant des orpailleurs et de leur ténacité à continuer leurs activités face à ces contrôles. La situation devient critique vu le nombre de campements d'orpailleurs sur une distance continue de 100km ; Les pouvoirs publics tardent à prendre des décisions face à cette situation car les intérêts politiques semblent primer sur les intérêts environnementaux. Quoique la survie de l'Homme soit étroitement liée à son environnement, il s'impose, pour les gestionnaires de la faune, la nécessité de redoubler d'efforts afin de stopper cette exploitation anarchique et non réglementée de l'or dans le secteur.

Au sein du PNB, il existe aussi bien des campements d'orpailleurs que de villages. Les villages se situant un peu plus en profondeur et où règne l'ambiance de villes ordinaires (présence de marché où l'on a tous les produits de première nécessité). Les principaux indices de l'orpaillage ont été les campements tout le long du cours d'eau, la présence d'orpailleurs dans le lit du fleuve et les trous d'orpaillage.

L'orpaillage représente la seconde menace pour les hippopotames. Cette activité passe par la destruction des habitats aquatiques et terrestres . En réalité, il est difficile de parler d'orpaillage sans faire allusion au braconnage. Les conséquences directes sont la migration du cheval de l'eau vers d'autres mares qui peuvent correspondre soient à des zones de fortes activités humaines ou des zones où l'alimentation devient une équation difficile à résoudre. D'où l'accentuation des conflits.

Les écogardes et le conservateur sont butés à une grande difficulté qui est l'influence des Chefs traditionnels. Même l'Etat se trouve dans une situation ambigue car le Ministère des Mines et de l'Energie a décidé d'augmenter la production nationale d'or . Or le minerai semble se trouver dans les aires protégées acquises à la faune. Ainsi, les décisions de sanctions deviennent difficiles à appliquer du fait de l'intervention des autorités administratives et réligieuses pour qui, l'orpaillage représente plus d'intérets que la protection desanimaux.

IV-3-5-2- Le braconnage

La loi forestière Camerounaise de 1994 définit le braconnage comme tout acte de chasse sans permis, en période de fermeture, en des endroits réservés ou avec des engins ou des armes prohibés. Dans le PNB et ses environs, les indices de braconnage sont nombreux notamment : des campements de braconniers, des trous de piégeage, des coup de feu, des douilles et carcasses d'hippopotames. Ces indices ont été les plus nombreux s'agissant des activités humaines au sein du parc et ses environs. Amossou *et al (en ligne)* rapportent également que dans le département du Mono/Couffo dans le sud-ouest du Bénin, Le braconnage, pratiqué soit avec des moyens traditionnels, soit avec des méthodes modernes, est la principale menace que subit l'espèce.

L'UICN (2006) confirme qu'en plus de la perte d'habitat et du développement économique et démographique, la chasse illégale et non contrôlée pour la viande et l'ivoire de ses dents est le facteur principal influençant le nombre des hippopotames. Voilà quelques raisons qui expliquent pourquoi la chasse illégale représente un facteur important régissant la variation de l'effectif de la population d'hippopotames au PNF.

Durant notre recherche sur Internet, nous sommes tombés sur un site qui mettait aux enchères une dent d'hippopotame en provenance du Cameroun. Les enchères au jour de notre visite, s'élevaient à 200 euros. Les questions qui se posent sont : d'où provient cette dent ? qui en est le détenteur ? ce commerce est-il réglementé? Il était juste précisé cette mention sur le site : « *Tout vendeur d'un animal naturalisé (ou partie d'animal) déclare avoir pris connaissance et respecter la réglementation en vigueur , notamment la Convention de Washington et Européenne, et de leurs conditions de vente. NaturaBuy se dégage de toute responsabilité en cas de fausse déclaration du vendeur.* »

Vue l'ampleur du braconnage dans la zone, des décisions doivent être rapidement entérinées afin de freiner ce fléau qui, à la longue, verrait la disparition des hippopotames au sein du PNB. D'après les données de la Base de Données du Commerce CITES, dans les années 1999-2009, le Cameroun a rapporté exporter un certain nombre de dérivés de *H. amphibius*. Les principaux objets de commerce d'origine sauvage exportés étaient des trophées (64) et des dents (30) .Cependant, les importateurs ont rapporté des importations d'un total de 164 dents. Dans les dix années précédentes

(1989-1998), le Cameroun a rapporté les exportations de 21 trophées alors que les importateurs ont rapporté l'importation de 92 trophées en provenance du Cameroun. Le commerce indirect en provenance du Cameroun s'est produit à de très faibles niveaux, avec seulement 10 dents réexportées en 1992, toutes d'origine sauvage (voir Tableau 10 en annexe). Ce tableau montre que le commerce de l'hippopotame échappe grandement au contrôle de l'Etat. Ce qui confirme que la chaine de braconnage est très bien organisée et parvient à passer outre les textes de l'Etat. Une réforme de ladite filière s'impose comme impérative si le Cameroun ne veut pas se voir suspendu par la CITES pour non-respect de ses engagements.

IV-3-5-3- *La transhumance*

Les bergers Mbororos toujours à la quête des espaces verts sont les principaux acteurs de cette activité. De ce fait, vue la couverture luxuriante de la végétation herbacée du PNB, elle est la cible de ces derniers. Ceci à cause de quantité et la qualité du fourrage produit. C'est ainsi que 5 pistes de transhumance ont été rencontrées ainsi que des arbres émondés (*Afzelia africana*). Egalement, pour une régénération du pâturage, les pasteurs mettent du feu afin d'avoir de l'herbe fraiche pour leur bétail.

IV-3-6- Relations Hommes-Hippopotames

Les populations riveraines du parc vivent des relations conflictuelles avec les hippopotames. Ces derniers sont à l'origine de plusieurs pertes autant matérielles qu'humaines. Le maïs, le riz et le sorgho sont les cultures les plus dévastées par les hippopotames. Dibloni et al (2009) affirment que les prairies aquatiques et les champs de cultures céréalières situés près des berges seraient les principales aires de pâture des hippopotames pendant la saison de pluies. L'utilité des hippopotames ne leur semble pas avérée mais les populations adhèrent au processus de conservation afin d'éviter les sanctions relatives au non-respect de la loi faunique en vigueur. La cohabitation hippopotames/Hommes semble rencontrer des difficultés dans plusieurs pays. Kabré et (2006) rapportent que les cultures occupent souvent les berges des barrages et même dans certains endroits la cuvette. Cette occupation qui ignore l'existence de l'hippopotame oblige les populations de cette espèce à s'alimenter dans ces zones de cultures et cause en conséquence des pertes de production. Le tableau 11 en annexe l'illustre.

Nous avons estimé la superficie de champs de riz dévastés (dans la périphérie du PNB) à 30 ha. Kabré par contre a eu un résultat de 22,5 ha L'arachide quant à elle ne semble pas très appréciée des hippopotames. Au PNB, sa superficie dévastée par les hippopotames est de 6 ha contre 9,25 Ha pour Kabré.

Agossevi (**en ligne**) a également constaté que dans les zones humides du Mono (Bénin), les populations humaines considèrent les hippopotames comme nuisibles car les cultures vivrières souffrent très souvent de dégâts quand ces animaux sortent de l'eau. De plus, une part importante de la population habite sur les franges des sites de concentration des hippopotames. Egalement, Amossou (**en ligne**) indique, au Sud du Bénin, la destruction de cultures pour se nourrir constitue l'une des principales sources de conflits entre la population et les hippopotames.

CONCLUSION ET RECOMMANDATIONS

I- CONCLUSION

La présente étude a porté sur l'étude de la structure, de la croissance et du régime alimentaire de l'hippopotame commun dans le PNB et sa périphérie. Pour ce faire, nous avons eu à déterminer les paramètres biologiques estimés. La phase d'inventaire a donné une population de 180 hippopotames dans les cours d'eau du PNB avec un IKA de 1,90. Il a été constaté que la population a fortement baissé durant les 13 dernières années. Plusieurs autres espèces animales sont inféodées aux forêts galeries (le cobe de Buffon, le guib harnaché, l'ourébi, le colobe guereza, le babouin doguera, le crocodile…). La taille moyenne d'un groupe social a été estimée à 5,8 avec une prépondérance de solitaires et de binaires. L'étude de la structure d'âge nous donne une prédominance des adultes sur les sub-adultes avec un sex-ratio d'un mâle pour 4 femelles. Les formations végétales présentes dans et autour du parc présente une grande richesse floristique.

Nous avons également pu examiner le statut de l'hippopotame dans la périphérie du PNB. Il se dégage que les populations savent que l'espèce est intégralement protégée. Le nombre d'hippopotame semble accroitre dans la zone d'enquête. Ce qui a semblé être une réponse à la baisse relevée dans le PNB. La cohabitation n'est cependant plus évidente, surtout avec les pécheurs qui s'installent, avec leurs familles, sur les berges du fleuve. D'où des conflits allant de la destruction répétée des champs (de préférence de maïs, riz et sorgho) aux attaques directes qui occasionnent assez souvent, une mort d'Homme. Les attaques sur les humains semblent s'accentuer en saison sèche, quand l'aliment se fait rare. Les moyens de lutte contre ces attaques se résument au refoulement ou à l'intervention du service chargé de la faune. L'utilité de l'animal ne semble pas être reconnue car une des doléances principale des pécheurs est l'élimination complète de celui-ci.

Les principaux dangers pesant sur la quiétude de l'hippopotame sont : le braconnage qui prédomine à 45%, ensuite l'orpaillage à 30,30% et enfin la transhumance (24,24%). Du fait de ces dangers, la population d'hippopotames a tendance à migrer vers les zones fortement peuplés, ce qui occasionne une recrudescence de conflits. La nécessité de pallier à cet état de choses s'impose le plus rapidement possible avant la décimation complète de l'espèce. L'hypothèse selon laquelle la dégradation de l'habitat et le manque de statut handicapent la dynamique des populations d'hippopotames et perturbe leur régime alimentaire se vérifie.

II- RECOMMANDATIONS

- Faire un inventaire exhaustif de la population d'hippopotames, non pas seulement dans le PNB, mais aussi dans ses environs.
- L'élaboration d'une convention ou d'un accord entre le MINFOF et les populations locales, fixant les modalités d'exploitation d'or et de protection des ressources naturelles dans la zone. Compte tenu du contexte socioéconomique de la zone, il est très difficile d'y interdire complètement l'orpaillage. Par contre, l'autorisation de cette activité aux populations riveraines peut être envisagée en échange de leur appui à la lutte anti-braconnage dans le secteur.
- Le déguerpissement ou la délocalisation des populations des villages installées sur les berges du fleuve.
- Faire des dénombrements aussi bien en saison de pluies qu'en saison sèche afin d'avoir une appréhension plus réaliste de la dynamique
- Augmenter l'effectif des écogardes en service au PNB pour une meilleure couverture de cette aire protégée.
- Trouver des solutions alternatives au braconnage de l'espèce.
- Sensibiliser les populations sur l'intérêt d'un hippopotame sur pied que mort.
- S'assurer que les populations locales perçoivent les taxes fauniques du fait de la protection des hippopotames.
- Veiller à une plus grande implication des populations riveraines à la gestion et conservation de certaines mares à hippopotames (gestion participative).
- Effectuer le suivi écologique des populations d'hippopotames et les autres grands mammifères.

La présence de l'Ecole de Faune de Garoua pourrait être d'un grand apport dans l'exécution de ces recommandations à travers la formation des spécialistes de la faune et également en appuyant les chercheurs dans leurs études en vue d'une conservation efficiente et à long terme des hippopotames.

Afin de répondre aux préoccupations de la CITES, des études semblables doivent être menées afin de connaitre la population totale des hippopotames du Cameroun. Ce dénombrement pourra donner suite à l'élaboration d'une stratégie adéquate de gestion des hippopotames.

BIBLIOGRAPHIE

AGOSSEVI, 2010. En ligne : uam.refer.ne/IMG/.../Resumes_Abstracts_Auteurs : consulté le 10 décembre 2011.

AUBREVILLE, 1950 . Flore forestière soudano-guinéenne. Soc. d'Ed. Géogr. Marit. Col., Paris. 523 p.

ANONYME ,1997. Rapport annuel de la Délégation provinciale de l'environnement et des forêts duNord, 47 p

AMOSSOU, 2010. En ligne : uam.refer.ne/IMG/.../Resumes_Abstracts_Auteurs : consulté le 10 décembre 2011.

BATELIERE, G., 1973. La faune d'Afrique. Tome 3. ed .Paris. 93-105p.

BERD, 2004. Diagnostic des ressources en eau de la Reserve de Biosphère de la mare aux Hippopotames. Rapport provisoire, PAGEN/UCF-Hauts Bassins, Burkina Faso.

BRABANT P. & Guvaud M., 1985. Les sols et les ressources en terres du Nord – Cameroun

CITES (2010).Etude du Commerce Important: Espèces sélectionnées par le Comité pour les animaux, AC25 Doc. 9.4 Annexe de la CITES suivant la CoP14

DIBLONI, T.O , 2010. Structure démographique et mouvements saisonniers des populations d'Hippopotame commun, *Hippopotamus amphibius* Linné 1758 dans la zone sud Soudanienne du Burkina Faso. Tropical conservation sciences vol.3 (2) :175-189p.

DIRASSET, Badang, Cible, ITSD & UREDS, 2000. Etudes socio-économiques régionales au Cameroun : Eradication de la pauvreté - Amélioration des données sociales. *Cadrage national.* Ministère des investissements publics et de l'aménagement du territoire, PNUD, Yaoundé, Cameroun.

DRFFN, 2008. Rapport annuel de la Délégation régionale des forêts et de la faune du Nord, 43 p.

ENCYCLOPEDIE LAROUSSE DES ANIMAUX, 1992. En ligne : www.wikipedia.com

ELTRINGHAM, S. K., 1999. The Hippos poyser Natural History. University Press, Cambridge. 134-178p.

GRALL J. & HILY C., 2003. Traitement des données stationnelles (faune) : 10p.

HUMBEL et BARBERY, 1974. En ligne: www.wikipedia.com

KABRE A. T, L. Koné, H. Saley, S. Nandnaba, Wendyermé P. et Bobodo B.Sawadogo , 2006. Gestion de la zone d'interface écologique faune-population: le cas de l'hippotame au Burkina. Annales de l'Université de Ouagadougou- Série C, vol (04): 177-205.

KABRE A. T., KONE L., Saley H., Nandnaba S. et Bobodo B.Sawadogo B., 2006. Rythme circadien et régime alimentaire de l'hippopotame amphibie dans les bassins de la Volta et de la Comoé. Revue science et technique, série science naturelle et agronomique. Accepté in press.

LAWS, R.M , 1966.Observation on the reproduction in hippopotamus amphibious Linn Symp. Zool.Soc. Lond

LETOUZEY, R. 1968. Etude phytographique du Cameroun, encyclopédie biologique. Le chevalier, Paris, 511 p.

LOTKA, 1924. Cité par Burgman et al., Chapman&Hall, 1992. : Risk Assessment in Conservation Biology.

MENDJEMO, M. 1998. Etudes préliminaires à l'implication des communautés rurales à la gestion des aires protégées du Nord-Cameroun. Mémoire de fin d'étude. UDS Cameroun

MINEF, 2003. Cité par Tagueguim ; Evaluation de la pression anthropique et son impact sur la faune dans les zones d'intérêt cynégétique autour du parc national de la Benoue (Nord-Cameroun): cas des zic 1 et 5.

MINEP & PNUD, 2006. Plan d'Action Nationale de Lutte contre la Désertification (PAN/LCD).

MINFOF/WCS/GrASP, 2005. Plan d'action de conservation des grands singes au Cameroun.

NGOG NJE, J. (1988). Contribution à l'étude de la structure de population des hippopotames (Hippopotamus amphibius L.) au Parc National de la Bénoué. Garoua, Cameroun

NOIRARD et *al*, 2004. Diets of sympatric Hippopotamus end Zebus during the dry season in the « W » National Park (Niger Republic).

NOWAK, R.M . 1991. Walkers mammals of the world. 160p.

PALEONTHOLOGIE DES VERTEBRES (2010) ; Comptes rendus Palevol Volume 9,Issue 4,June 2010,Pages 155-162 doi.10.1016/j.crpv

SUCHEL,1971 ; Cité par Elthringham ,1999. The Hippos poyser Natural History. University Press, Cambridge. 134-178p.

TSAKEM, C.,S, 2004. Etas des lieux de la faune du Parc National de la Bénoué et les ZIC 1 et 4 : une analyse basée sur les grands et moyens mammifères. Rapport d'étude WWF/PSSN. Garoua. 50p.

TSAKEM, C.,S., (2006). Analyse de la conservation participative : cas de la cogestion de deux zones d'intérêt cynégétique autour du par national de la Bénoué (Nord-Cameroun). Mémoire Master. Institut de Hautes Etudes Internationales et du Développement, Norvège, Suisse, 67 p.

UICN, 2006. Liste rouge de l'UICN des espèces menacées. Disponible sur le site « http : //www. developpement –durable- lavenir. Com/2006/05/03/ liste rouge de l'UICN des espèces- menacées-2006. Extrait le 09/09/2011.

SAIKAWA , 2004. En ligne : www.wikipedia.com

STARK , 1977. Ecological studies in Benoue National Park. Cameroon Project working document N° 540, FAO Rome, 30p.

SYDNEY, J. 1965. The past and the present distribution of some Ungulates, Trans. Zool. Soc: Lond: 30: 1-397

WEILER , 1994. Recent trends in international trade in hippopotamus ivory. Traffic bull.,15 :47-50

WWF, Minef, SNV, 2002. Parc national de la Bénoué : plan d'aménagement et de gestion du parc et de sa zone périphérique. 99p.

ZIBRINE, M., (2000). Etude sur les activités de pêche dans le site du Projet GEF-Savane.

ZIBRINE, M. et A. GOMSE, (1999). Distribution et dynamique des populations d'hippopotames et des espèces animales liées aux galeries forestières dans le Parc National de la Bénoué. WWF/PSSN, Garoua, Cameroun ;

SITES WEB CONSULTES

www.animaux.arroukatchee.fr

www.dinosoria.com/hippopotame

www.larousse.fr

uam.refer.ne/IMG/.../Resumes_Abstracts_Auteurs

ANNEXE 1

Tableau 10 : Fiche de recensement des espèces végétales appétées par les hippopotames

(MAHA)

	Noms scientifiques	Familles	Nombre d'observations	Fréquence (%)
1	*Panicum pansum*	Poaceae	6	3,55
2	*Andropogon canaliculatus*	Poaceae	**9**	**5,33**
3	*Andropogon gayanus var bisquamulatus*	Poaceae	**6**	**3,55**
4	*Andropogon tectorum*	Poaceae	**13**	**7,71**
5	*Panicum rupens*	Poaceae	2	1,18
6	*Schizachyrium brevifolium*	Poaceae	4	2,36
7	*Cyperus esculentus*	Cyperaceae	5	2,95
8	*Cyperus rotundus*	Cyperaceae	6	3,55
9	*Pennisetum purpureum*	Poaceae	5	2,95
10	*Eleusine indica*	Poaceae	2	1,18
11	*Acacia ataxacantha*	Mimosaceae	1	0,60
12	*Andropogon gayanus var gayanus*	Poaceae	**6**	**3,55**
13	*Rottboellia cochinchinensis*	Poaceae	4	2,36
14	*Bulbostylis barbata*	Cyperaceae	2	1,18
15	*Hyparrhenia rufa*	Poaceae	7	4,14
16	*Hyparrhenia involucrata*	Poaceae	10	5,91
17	*Paspalum scrobiculatum*	Poaceae	3	1,77
18	*Setaria barbata*	Poaceae	4	2,36
19	*Aneilema lanceolatum*	Commenilaceae	6	3,55
20	*Acacia obtusifolia*	Mimosaceae	2	1,18
21	*Sporobolus indicus var pyramidalis*	Poaceae	5	2,95
22	*Stereospermum kunthianum*	Bignoniaceae	1	0,60
23	*Imperata cylindrica*	Poaceae	3	1,77
24	*Elymandra androphila*	Poaceae	6	3,55

25	*Digitaria horizontalis*	Poaceae	4	2,36
26	*Pennisetum polystachion var polystachion*	Poaceae	3	1,77
27	*Dactyloctenium aegyptium*	Poaceae	1	0,60
28	*Cochlospermum tinctorium*	Choslospermaceae	4	2,36
29	*Hibiscus asper*	Malvaceae	1	0,60
30	*Scleria gracillima*	Cyperaceae	3	1,77
31	*Grewia cisoides*	Tiliaceae	1	0,60
32	*Kyllinga pumila*	Cyperaceae	2	1,18
33	*Cymbopogon giganteus*	Poaceae	5	2,95
34	*Hyparrhenia barteri*	Poaceae	1	0,60
35	*Pennisetum unicetum*	Poaceae	4	2,36
36	*Telepogon elegans*	Poaceae	3	1,77
37	*Bulbostylis hispidula*	Cyperaceae	1	0,60
38	*Commelina nigritans benthan*	Commelinaceae	2	1,18
39	*Brachari ajubata*	Poaceae	2	1,18
40	*Sporobolus festivus*	Poaceae	2	1,18
41	*Eragrostis aspera*	Poaceae	1	0,60
42	*Amaranthus spinosus*	Amaranthaceae	1	0,60
43	*Amaranthus viridis*	Amaranthaceae	1	0,60
44	*Sida cordifolia*	Malvaceae	2	1,18
45	*Gardenia aqualla*	Rubiaceae	1	0,60
46	*Crosopterus febrifuga*	Rubiaceae	2	1,18
47	*Diospyros mespiliformis*	Ebenaceae	1	0,60
48	*Pterocarpus lucens*	Fabaceae	1	0,60
49	*Psorospermum senegalense*	Hypericaceae	1	0,60
50	*Annona senegalensis*	Annonaceae	1	0,60
TOTAL			**169**	

ANNEXE 2

Tableau 11 : Calcul des indices de diversité (MAHA)

	Ni	Ni/N	log2(Ni/N)	(Ni/N)xlog2(Ni/N)	(Ni/N)²
Panicum pansum	6	0,035502959	-4,815916936	-0,170979299	0,00126046
Andropogon canaliculatus	9	0,053254438	-4,230954435	-0,2253171	0,002836035
Andropogon gayanus var bis quamulatus	6	0,035502959	-4,815916936	-0,170979299	0,00126046
Andropogon tectorum	13	0,076923077	-3,700439718	-0,284649209	0,00591716
Panicum rupens	2	0,01183432	-6,400879436	-0,075750053	0,000140051
Schizachyrium brevifolium	4	0,023668639	-5,400879436	-0,127831466	0,000560204
Cyperus esculentus	5	0,029585799	-5,078951341	-0,150264833	0,000875319
Cyperus rotundus	6	0,035502959	-4,815916936	-0,170979299	0,00126046
Pennisetum purpureum	5	0,029585799	-5,078951341	-0,150264833	0,000875319
Eleusine indica	2	0,01183432	-6,400879436	-0,075750053	0,000140051
Acacia ataxacantha	1	0,00591716	-7,400879436	-0,043792186	3,50128E-05
Andropogon gayanus var gayanus	6	0,035502959	-4,815916936	-0,170979299	0,00126046
Rottboellia cochinchinensis	4	0,023668639	-5,400879436	-0,127831466	0,000560204
Bulbostylis barbata	2	0,01183432	-6,400879436	-0,075750053	0,000140051
Hyparrhenia rufa	7	0,041420118	-4,593524514	-0,190264329	0,001715626
Hyparrhenia involucrata	10	0,059171598	-4,078951341	-0,241358068	0,003501278
Paspalum scrobiculatum	3	0,017751479	-5,815916936	-0,103241129	0,000315115
Setaria barbata	4	0,023668639	-5,400879436	-0,127831466	0,000560204
Aneilema lanceolatum	6	0,035502959	-4,815916936	-0,170979299	0,00126046
Acacia obtusifolia	2	0,01183432	-6,400879436	-0,075750053	0,000140051
Sporobolus indicus var pyramidalis	5	0,029585799	-5,078951341	-0,150264833	0,000875319
Stereospermum kunthianum	1	0,00591716	-7,400879436	-0,043792186	3,50128E-05
Imperata cylindrica	3	0,017751479	-5,815916936	-0,103241129	0,000315115
Elymandra androphila	6	0,035502959	-4,815916936	-0,170979299	0,00126046
Digitaria horizontalis	4	0,023668639	-5,400879436	-0,127831466	0,000560204
Pennisetum polystachion var polystachion	3	0,017751479	-5,815916936	-0,103241129	0,000315115
Dactyloctenium aegyptium	1	0,00591716	-7,400879436	-0,043792186	3,50128E-05
Cochlospermum tinctorium	4	0,023668639	-5,400879436	-0,127831466	0,000560204
Hibiscus asper	1	0,00591716	-7,400879436	-0,043792186	3,50128E-05
Scleria gracillima	3	0,017751479	-5,815916936	-0,103241129	0,000315115
Grewia cisoides	1	0,00591716	-7,400879436	-0,043792186	3,50128E-05

Kyllinga pumila	2	0,01183432	-6,400879436	-0,075750053	0,000140051
Cymbopogon giganteus	5	0,029585799	-5,078951341	-0,150264833	0,000875319
Hyparrhenia barteri	1	0,00591716	-7,400879436	-0,043792186	3,50128E-05
Pennisetum unicetum	4	0,023668639	-5,400879436	-0,127831466	0,000560204
Telepogon elegans	3	0,017751479	-5,815916936	-0,103241129	0,000315115
Bulbostylis hispidula	1	0,00591716	-7,400879436	-0,043792186	3,50128E-05
Commelina nigritans benthan	2	0,01183432	-6,400879436	-0,075750053	0,000140051
Bracharia jubata	2	0,01183432	-6,400879436	-0,075750053	0,000140051
Sporobolus festivus	2	0,01183432	-6,400879436	-0,075750053	0,000140051
Eragrostis aspera	1	0,00591716	-7,400879436	-0,043792186	3,50128E-05
Amaranthus spinosus	1	0,00591716	-7,400879436	-0,043792186	3,50128E-05
Amaranthus viridis	1	0,00591716	-7,400879436	-0,043792186	3,50128E-05
Sida cordifolia	2	0,01183432	-6,400879436	-0,075750053	0,000140051
Gardenia aqualla	1	0,00591716	-7,400879436	-0,043792186	3,50128E-05
Crosopterus febrifuga	2	0,01183432	-6,400879436	-0,075750053	0,000140051
Diospyros mespiliformis	1	0,00591716	-7,400879436	-0,043792186	3,50128E-05
Pterocarpus lucens	1	0,00591716	-7,400879436	-0,043792186	3,50128E-05
Psorospermum senegalense	1	0,00591716	-7,400879436	-0,043792186	3,50128E-05
Annona senegalensis	1	0,00591716	-7,400879436	-0,043792186	3,50128E-05
	169			-5,266101589	0,031896642

Tableau 12: **Exportations directes de** *Hippopotamus amphibius* **du Cameroun, 1999-2008 (UICN).**

	Rapporté par	1999	2000	2001	2002	2003	2005	2006	2008	2009	2010	Total
Dents	Exportateur	2										2
	Importateur											
Trophées	Exportateur											
	Importateur			1								1
sculptures	Exportateur											
	Importateur					1						1
Peaux	Exportateur											
	Importateur			1		1						2
Crane	Exportateur	1	1									
	Importateur											2
Petits articles en peau	Exportateur			1								1
	Importateur											
Queues	Exportateur			1		1	1		1			4
	Importateur											
Dents	Exportateur	2		28								30
	Importateur	12	4	23		14		2	44		65	164
Trophées	Exportateur	12	10	8	12		5	9	8			64
	Importateur	6	5	6	2	11		4	3	3	4	44
Défenses	Exportateur											
	Importateur	10										10

Tableau 13: **Evaluation des pertes financières dues aux dégâts causés par les hippopotames sur les cultures. Burkina Faso (KABRE, 2006).**

Type de culture	Rendement (ha)	Superficies perdues (ha)	Production perdue (kg)	Prix unitaire en CFA/kg.	Pertes financières en CFA et (en euros)
Maïs	1.200kg	22,5	27.000	131	3.537.000 (5.392)
Arachide	1.020kg	9,25	9.435	155	1.462.425 (2.230)
Niébé	900kg	35	31.500	150	4.725.000 (7.203)
Oignon(feuilles)	7.370kg	6,25	46.062,5	100	4.606.250 (7.022)
Tomate	4.255kg	29	123.395	50	6.169.750 (9.405)
Pastèque	8.500kg	14	119.000	50	5.950.000 (9.070)

ANNEXE 4 (PHOTOS)

Photo 10: Riverains prêts à être interviewés

Photo 11 : (a) : Orpailleur sur le lit du fleuve   **(b) : Campement d'orpailleurs (MAHA)**

Photo 12: (a) :Trous de piégeage d'hippopotames   (b) : campement abandonné de braconniers

Photo 13: **Dent d'hippopotame en vente sur Internet** (en provenance du Cameroun: Diamètre: 24cm - poids: 0,800kg - très bon état)

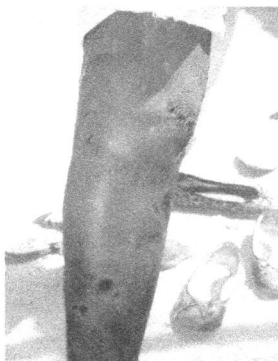

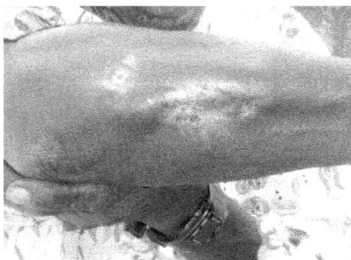

Photo 14 : Sequelles d'attaques d'hippopotames